水利工程地基处理

张云鹏　戚立强　主　编
魏静明　李江平　于文海　副主编

中国建材工业出版社

图书在版编目（CIP）数据

水利工程地基处理/张云鹏，戚立强主编．--北京：中国建材工业出版社，2019.12

ISBN 978-7-5160-2768-4

Ⅰ.①水…　Ⅱ.①张…　②戚…　Ⅲ.①水利工程—地基处理　Ⅳ.①TV223

中国版本图书馆 CIP 数据核字（2019）第 282531 号

水利工程地基处理
Shuili Gongcheng Diji Chuli
张云鹏　戚立强　主编

出版发行：中国建材工业出版社
地　　址：北京市海淀区三里河路 1 号
邮　　编：100044
经　　销：全国各地新华书店
印　　刷：北京雁林吉兆印刷有限公司
开　　本：787mm×1092mm　1/16
印　　张：9.25
字　　数：220 千字
版　　次：2019 年 12 月第 1 版
印　　次：2019 年 12 月第 1 次
定　　价：40.00 元

本社网址：www.jccbs.com，微信公众号：zgjcgycbs

前　言

随着国民经济的快速发展，国家兴建了大量水利工程。水利工程中的堤防、土石坝、涵闸、泵站等水工建筑物大多建造在各种类型的土基上，很多地基并不能满足水工建筑物对稳定、变形、渗透等方面的要求，势必要对地基进行人工处理，以满足建筑物稳定、安全运行。

近年来，地基处理的理论和技术有了很大的发展，新型施工机械和新的施工工艺层出不穷。本书精选了工程中常用的地基处理技术，注重阐明地基处理的原理、计算方法和施工要点。全书共分六章。第一章地基处理概述，对地基处理的一些方法及其适用性进行了总结。第二章至第六章分别是排水固结法、强夯法和强夯置换法、振冲法、复合地基加固法、灌浆法。

本书由张云鹏、戚立强担任主编，由魏静明、李江平、于文海担任副主编。本书参编人员主要有王艳岭、李健、刘为公、万明清、孔令华、杜宝君、苗兴皓、孙秀玲。本书在编写过程中，得到了山东省住房和城乡建设厅、山东省水利厅、山东省建设执业资格注册中心、山东省建设文化传媒有限公司等单位的大力支持和帮助，在此一并表示感谢。本书在编写过程中参考和引用了大量的教材、专著和资料，在此向这些文献的作者表示衷心的感谢。

由于时间仓促，加之编者水平有限，不足之处在所难免，恳请广大读者批评指正。

编者

2019 年 12 月

目　录

第1章 地基处理概述

1.1 地基处理的目的

随着我国经济的快捷发展，科学技术日新月异，建设工程的规模越来越大，遇到不良地基的情况也越来越多。当天然地基不能满足结构物对地基的要求时，需要进行地基处理，形成人工地基，从而保证结构物的安全与正常使用。

地基处理的目的是为了提高软弱地基和人工堆填地基的承载力，保证地基的稳定性，降低地基的压缩性，减少基础的沉降，消除特殊性土的湿陷性、胀缩性和冻胀性等，保证建筑物的安全与正常使用。

地基的处理方法有很多，如排水固结法，振密、挤密法，置换及拌入法，灌浆法，加筋法及冷热处理法等。经过处理的人工地基大致可分为均质地基、多层地基和复合地基三类。

地基处理有别于人工基础或桩基，它以较为简单、可靠、经济的方式处理软土地基，防止了各类建（构）筑物倒坍、下沉、倾斜等事故的发生，确保了建（构）筑物的安全。

根据水工建筑物因地基缺陷而导致破坏或失事的情况来看，地基处理的对象包括：软弱地基、高压缩性地基及强透水地基。水工建筑物不良地基有以下几种常见类型：

① 软土（包括淤泥及淤泥质土）。软土的特点是含水量高、孔隙比大、压缩性高且内摩擦角小，因此软土地基承载力低，在外荷载作用下地基变形大。软土的另一特点是渗透系数小，固结排水慢，在比较深厚的软土层上，建筑物基础的沉降往往会持续数年甚至数十年之久。软土地基的这些特点对建筑物的正常运用和安全是十分不利的。

② 冲填土。冲填土是指在整治和疏浚河道或湖塘时，用挖泥船通过泥浆泵将泥砂或淤泥吸取并输送到岸边而形成的沉积土，亦称“吹填土”。以黏性土为主的冲填土往往是欠固结的，其强度低且压缩性高，一般需经过人工处理才能作为建筑物基础；以砂性土或其他颗粒为主的冲填土，其性质与砂性土相类似，是否处理后可作为地基要视具体情况而定。

③ 杂填土。杂填土是指由人类活动所形成的建筑垃圾、生活垃圾和工业废料等无规则堆填物。杂填土成分复杂、结构松散、分布极不均匀，因而均匀性差、压缩性大、强度低。未经人工处理的杂填土不得作为建筑物基础的持力层。

④ 松散粉细砂及粉质砂土地基。这类地基若浸水饱和，在地震及机械震动等动力荷载作用下，容易产生液化流砂，而使地基承载力骤然降低。另外，在渗透力作用下这类地基容易发生流土变形。

⑤ 砂卵石地基。对于中小型水闸、泵房等建筑物及一般的堤防、土坝工程而言，

砂卵石地基的承载力通常能满足要求。但是，砂卵石地基有着极强的透水性，当挡水建筑物存在上下游水头差时地基极易产生管涌。所谓管涌是指在流动水压力作用下，砂卵石地基中粉砂等微小颗粒首先被渗流带走，接着稍大的颗粒也发生流失，以致地基中的渗流通道越来越大，最后不能承受上部荷载而产生塌陷，造成严重事故。因此水利工程中的砂卵石（地基包括粉细砂地基）必须采取适当的防渗排水措施。

⑥ 特殊土地基。特殊土地基一般带有地区性特点，包括湿陷性黄土、膨胀土和冻土等。

湿陷性黄土的主要特点是受水浸润后土的结构迅速破坏，在自重应力和上部荷载产生的附加应力的共同作用下产生显著的附加沉陷，从而引起建筑物的不均匀沉降。

膨胀土是一种吸水后显著膨胀而失水后显著若收缩的高塑性土，这种地基土的特性容易造成建筑物隆起或下沉，从而带来严重危害。

冻土是指气温在零度以下时出现固态冰的土，包括瞬时冻土、季节性冻土和多年冻土。其中，季节性冻土因其周期性的冻结和融化，从而造成地基的不均匀沉降，对水利工程的危害较大。

总之，不同性质土基的缺陷会给水工建筑物造成不同形式的破坏，水工地基处理的目的就是加强地基承载力，控制地基沉陷和不均匀沉陷，防止地基发生渗透变形。

1.2 地基处理方法及分类

地基处理的方法很多，按加固原理可分为置换、改良与加筋三种。

① 置换。置换是指在荷载作用面上进行，而不是在一定深度置换。置换可分为部分置换和全置换，部分置换可形成复合基础，全置换可形成浅基础。

② 改良。改良是指通过物理、化学或物理化学方法对软土地基进行土质改良。主要有振（挤）密法、排水固结法、胶结法、冷热处理法等。

振（挤）密法主要适用于可压缩性地基，其加固原理是通过强振或强挤使土体密实，从而提高地基土体的抗剪强度，减小土体的沉降。

排水固结法是指使土体在一定荷载下排水固结，减小孔隙比，提高抗剪强度，以达到提高地基承载力的目的。

胶结法是指在地基中灌入固化物，通过物理化学反应，形成抗剪强度高、压缩性小的增强体，从而达到提高地基承载力的目的。

冷热处理法是指通过冻结或焙烧，冷却或加热地基土体，以改变土体物理力学性能而达到地基处理的目的。

③ 加筋。加筋法根据加筋的方向不同，可分为水平向加筋与竖向加筋。水平向加筋主要指在地基土层中铺设土工合成材料（土工织物或土工格栅）等的加固处理方法；竖向加筋主要指在地基中设置钢筋混凝土桩或低强度桩形成复合地基，设置土钉、树根桩而形成加筋土的加固处理方法。

一种地基加固处理方法的原理也并非是一种，例如，土桩和灰土桩既有挤密作用，又有置换作用；石灰桩既有置换作用，又有化学作用，还有热效应；砂石桩既有置换作用，又有排水固结作用。其实，在现实工程中即使是一种地基土，其加固处理的方法也并非单一，而是根据条件，因地制宜。

根据我国技术规范、规程及技术文献，常用的地基处理方法分类见表 1-1。

表 1-1　常用的地基处理方法分类

处理方法		简要原理	适用范围
置换	换填垫层法	挖除基础底面下一定范围内的软弱土层或不均匀土层，回填其他性能稳定、无侵蚀性、强度较高的材料，并夯压密实形成的垫层	适用于软弱土层或不均匀土层的浅层地基处理
	挤淤置换法	通过抛石或夯击回填碎石置换淤泥达到加固地基的目的，也有采用爆破挤淤置换以达到加固地基的目的	淤泥或淤泥质黏土地基
	褥垫法	当建（构）筑物地基的一部分压缩性较小，而另一部分压缩性较大时，为了避免不均匀沉降，在压缩性较小的区域通过换填法，铺设一定厚度可压缩性的土料，形成褥垫，以减小沉降差	建（构）筑物部分坐落在基岩上，部分坐落在土上，以及类似情况，
	砂石桩置换法	利用振冲法、沉管法、或其他方法，在饱和黏性土地基中成孔，在孔内填入砂石料，形成砂石桩。砂石桩置换部分地基土体形成复合地基，以提高承载力，减小沉降	黏性土地基，因承载力提高幅度小，工程运行后沉降大，已很少应用
	石灰桩法	通过机械或人工成孔，在软弱地基中填入生石灰块或生石灰块加其他掺合料，通过石灰的吸水膨胀、放热以及离子交换作用改善桩间土的物理力学性质，并形成石灰桩复合地基，可提高地基承载力，减小沉降	杂填土、软黏土地基
	强夯置换法	采用在夯坑内回填块石、碎石等粗颗粒材料，用夯锤连续夯击形成强夯置换墩	适用于高饱和度的粉土与软塑—流塑的黏性土等地基上对变形控制要求不严的工程
	EPS 超轻质料填土法（或气泡混合轻质料填土法）	发泡聚苯乙烯（EPS）重度只有土的 1/100～1/50，气泡混合轻质料的重度为 5～12kN/m³，都具有较好的强度和压缩特性，用作填料可有效减小作用在挡土结构上的侧压力，需要时也可置换部分地基土，以达到更好的效果	软弱地基上的填方工程
排水固结法	堆载预压法	在地基上堆加荷载使地基土固结压密的地基处理方法	适用于处理淤泥质土、淤泥、冲填土等饱和黏性土地基
	真空预压法	通过对覆盖于竖井地基表面的封闭薄膜内抽真空排水使地基土固结压密的地基处理方法	
	堆载真空联合预压法	当真空预压达不到要求的预压荷载时，可与堆载预压联合使用，其堆载预压荷载和真空预压荷载可叠加计算	
	降水预压	通过对透水层连接的排水井抽水，降低地下水位，以增加土的自重应力，从而达到预压效果	砂性土或透水性较好的软黏土层
	电渗排水预压	通过向土中插入通直流电的金属电极，土中水流由正极区域流向负极区域，从而达到固结	饱和软黏性土、砂土

续表

处理方法		简要原理	适用范围
振密、挤密	表层原位压实法	采用人工或机械夯实、碾压或振动使土体密实。此法密实范围较浅，常用于分层填筑	用于杂填土、疏松无黏性土、非饱和黏性土、湿陷性黄土等地基的浅层处理
	强夯法	反复将夯锤（质量一般为10～40t）提到一定高度使其自由落下（落距一般为10～40m），给地基以冲击和振动能量，从而提高地基的承载力并降低其压缩性，改善地基性能	适用于处理碎石土、砂土、低饱和度的粉土与黏性土、湿陷性黄土、素填土和杂填土等地基
	振冲密实法	一方面依靠振冲器的振动使饱和砂层发生液化，砂颗粒重新排列，孔隙减小，另一方面依靠振冲器的水平振动力，加回填料使砂层挤密，从而达到提高地基承载力，减小沉降，并提高地基土体抗液化能力。振冲密实法可加回填料，也可不加回填料。加回填料又称为振冲挤密碎石桩法	黏粒含量小于10%的疏松砂性土地基
	挤密砂石桩法	采用振动沉管法等在地基中设置碎石桩，在制桩过程中，对周围土层产生挤密作用。被挤密的桩间土和密实的砂石桩形成砂石桩复合地基，达到提高地基承载力，减小沉降的目的	砂土地基、非饱和黏性土地基
	土桩、灰土桩法	采用沉管法、爆扩法和冲击法在地基中设置土桩或灰土桩，在成桩过程中挤密桩间土，由挤密的桩间土和密实的土桩或灰土桩形成土桩复合地基或灰土桩复合地基，以提高地基承载力和减小沉降。此法有时也可消除湿陷性黄土的湿陷性	位于地下水位以上的湿陷性黄土、杂填土、素填土等地基
	夯实水泥土桩法	将水泥和土按设计比例拌和均匀，在孔内分层夯实，形成竖向增强体的复合地基	适用于处理地下水位以上的粉土、黏性土、素填土和杂填土等地基
	柱锤冲扩桩法	用柱锤冲击方法成孔并夯扩填料，形成竖向增强体的复合地基	适用于处理地下水位以上的粉土、黏性土、杂填土、素填土和黄土等地基
	水泥粉煤灰碎石桩（CFG）复合地基	由水泥、粉煤灰、碎石、石屑或砂加水拌和形成的高粘结强度桩，由桩、桩间土和褥垫一起构成复合地基	适用于处理粉土、黏性土、砂土和自重固结已完成的素填土地基
	孔内夯扩法	采用人工挖孔、螺旋钻成孔或振动沉管法成孔等方法在地基中成孔，回填灰土、水泥土、矿渣土、碎石等填料在孔内夯实并挤密桩间土，由挤密的桩间土和夯实的填料桩形成复合地基	适用于处理地下水位以上的粉土、黏性土、杂填土、素填土和黄土等地基
	爆破挤密法	利用爆破在地基中产生的挤压力和振动力，使地基土密实，以提高土体的抗剪强度，提高地基承载力和减小沉降	饱和净砂、非饱和但经灌水后饱和的砂、粉土、湿陷性黄土地基

续表

处理方法		简要原理	适用范围
灌入固化物	高压喷射注浆法	利用高压喷射专用机械，在地基中通过高压喷射流冲切土体，用浆液置换部分土体，形成水泥土增强体。高压喷射注浆法可形成复合地基，达到提高承载力，减少沉降的目的，也常用它形成水泥土防渗帷幕	淤泥、淤泥质土、黏性土、粉土、黄土、砂土、人工填土和碎石土等地基，当含有较多的大块石，或地下水流速较快，或有机质含量较高时，应通过实验确定适用性
	深层搅拌法	利用深层搅拌机将水泥浆或水泥粉和地基土原位搅拌，形成圆柱状、格栅状或连续墙水泥土增强体，形成复合地基，以提高地基承载力，减小沉降，也常用它形成水泥土防渗帷幕。深层搅拌法分为喷浆搅拌法和喷粉搅拌法两种	淤泥、淤泥质土、黏性土、粉土等软土地基。有机质含量较高时，应通过试验确定适用性
	渗入性灌浆法	在灌浆压力作用下，将浆液灌入地基中以填充原有孔隙，改善土体的物理力学性质	中砂、粗砂、砾石地基
	劈裂灌浆法	在灌浆压力作用下，浆液克服地基土中初始应力和土的抗拉强度，使地基中原有的孔隙或裂隙扩张，用浆液填充新形成的孔隙和裂隙，改善土体的物理力学性质	岩基或砂、砂砾石、黏性土地基
	挤密灌浆法	在灌浆压力作用下，向土层中压入浓浆液，在地基中形成浆泡，挤压周围土体，通过压密和置换改善地基性能。在灌浆过程中因浆液的挤压作用，可产生辐射状上抬力，引起地面隆起	常用于可压缩性地基与排水条件较好的黏性土地基
加筋	加筋土垫层法	在地基中铺设加筋材料（如土工织物、土工格栅、金属板条等）形成加筋土垫层，以增大压力扩散角，提高地基稳定性	筋条间用无黏性土、加筋土垫层，可适用各种软弱地基
	加筋土挡墙法	利用在填土中分层铺设加筋材料以提高填土的稳定性，形成加筋土挡墙。挡土墙外侧可采用侧面板形式，也可采用加筋材料包裹形式	应用于填土挡土结构
	土钉墙法	通常采用钻孔、插筋、注浆在土层中设置土钉，也可直接将杆件插入土层中，通过土钉和土形成加筋土挡土墙，以维持和提高土坡稳定性	在软黏土地基极限支护高度 5m 左右设置挡土墙，砂性土地基应配以降水措施。极限支护高度与土体抗剪强度和边坡坡度有关
	锚杆支护法	锚杆通常有锚固段、非锚固段和锚头三部分组成，锚固段处于稳定土层，可对锚杆施加预应力，用于维持边坡稳定	软黏土地基应慎用
	锚定板挡土结构	由墙面、钢拉杆、锚定板和填土组成，锚定板处在填土层，可提供较大的锚固力	应用于填土挡土结构
	树根桩法	在地基中设置如树根状的微型灌注桩（直径 70～250mm），以提高地基承载力或土坡的稳定性	各类地基

续表

处理方法		简要原理	适用范围
加筋	低强度混凝土桩复合地基法	在地基中设置低强度混凝土桩，与桩间土形成复合地基，提高地基承载力，减小沉降	各类深厚软弱地基
	钢筋混凝土桩复合地基	在地基中设置钢筋混凝土桩与桩间土形成复合地基，提高地基承载力，减小沉降	各类深厚软弱地基

1.3 地基处理方法的选择及步骤

1.3.1 地基处理方法的选择

地基处理方法多种多样，每种处理方法都有一定的适用范围、局限性和优缺点。对每一项具体工程都要进行具体细致的分析，在选择地基处理方案前，应完成下列工作：

① 收集详细的工程地质、水文地质及地基基础设计资料等；

② 根据工程的设计要求和采用天然地基存在的主要问题，确定地基处理的目的、处理范围和处理后要求达到的各项技术经济指标等；

③ 结合工程情况，了解本地区地基处理经验和施工条件，以及其他地区相类似的场地上同类工程的地基处理经验和使用情况等。

在选择地基处理方案时，应考虑上部结构、基础和地基的共同作用，并经过技术经济比较，选择技术上可行、经济上最优的地基处理方案。

1.3.2 确定地基处理方案的步骤

① 选用地基处理方法要力求做到安全适用、技术先进、经济合理、节能环保、确保质量。根据地质条件、地下水特征、环境情况等资料，结合结构类型、荷载大小及使用要求等因素，进行综合分析，初步选出几种可供考虑的地基处理方案；

② 对初步选定的各种地基处理方案，进行技术经济分析和对比，选择最佳的地基处理方法；

③ 对已选定的地基处理方法，按建筑物地基基础设计等级和场地复杂程度，在有代表性的场地上进行相应的现场试验，或试验性施工，并进行必要的测试，以检验设计参数和处理效果，若达不到设计要求，可修改设计参数或调整地基处理方法。

1.4 地基处理现场监测与质量检测

1.4.1 地基处理的现场监测

在地基处理施工期间，环境和工程地质条件的改变会引起建筑场地各种物理量产生变化，进而在相关建筑物中产生不同性质的反映。在监测及检测工程的形态时，各种物理量的取得往往取决于原因参数和环境参数（即成因参量，由于它们变化而引起建筑物性态的变化）与效应参量（即效应量）。成因参量和效应参量随时间而不断变化，为评价建（构）筑物的性能，必须进行相关的测试，建立一个有效的监测和检测系统，监测好所选的物理量。目前，随着信息化施工概念的提出，地基处理现场监测技术也得到了很大的发展。

地基处理的现场监测主要包括孔隙水压力监测、土压力监测、测斜监测、分层沉降监测、地表沉降量监测等。

1. 孔隙水压力监测

通过孔隙水压力监测得到孔隙水压力的消散时间，从而确定两遍夯击之间的时间间隔，科学指导施工。当缺少实测资料时，也可根据地基土的渗透性确定时间间隔。通常对于渗性较差的黏性土地基，间隔时间应不少于3周。对于渗透性好的地基可连续夯击。

（1）孔隙水压力监测方法：先用GPC-2型钢弦式频率测定仪测试渗压计的频率，再根据实测频率换算成该监测点的孔隙水压力，进而求得该点的超静孔隙水压力。

（2）监测点布置方法：地基土孔隙水压力监测点应事先设计，并按设计布置，孔隙水压力监测应有几个以上的监测断面。孔隙水压力监测点应布置在两个监测断面交汇处需要监测的受压土层内。

（3）监测仪器与埋设方法：孔隙水压力计应优先选用钢弦式仪器，其技术要求应符合现行国家标准《土工试验仪器　岩土工程仪器　振弦式传感器　通用技术条件》（GB/T 13606—2007）的规定。孔隙水压力计的量程应根据荷载、埋设深度和地下水位确定，严禁超量程使用。孔隙水压力计应采用钻孔法埋设，钻孔最大倾斜率不应超过1%，一个钻孔内宜埋设一个孔隙水压力计，且应符合下列规定：

① 埋设前应将孔隙水压力计端部透水石中的气泡和油污排除；

② 宜用钻杆将孔隙水压力计送到埋设位置；

③ 应从孔口填入中粗砂封埋孔隙水压力计，深度为20～50cm，再用膨润土干泥球封孔；

④ 孔隙水压力计埋设过程中应进行全程监测，发现问题应及时处理。

孔隙水压力计常用钻孔法埋设，在埋设地点利用钻机钻至设计深度或标高后，先在孔底填入部分干净的砂石，然后将孔隙水压力计放入孔中，再在其周围填砂，最后采用膨胀性黏土或干燥黏土球将钻孔上部封堵，使孔隙水压力计测得的水压力是该标高土层的孔隙水压力。孔隙水压力计埋设完成后，应注意仪器保护（尤其在强夯施工过程中需要关注）。在施工中，我们采用孔隙水压力计导线外套DN32镀锌钢管，并在场地内做明显标志，对仪器进行保护。

孔隙水压力监测资料应及时进行整理、计算，如有问题应查明原因，并及时补测绘制孔隙水压力随时间的变化曲线，分析地基土体内孔隙水压力的分布情况、变化规律和趋势，为地基处理施工提供依据。研究夯击能与孔隙水压力消散的规律和夯击能的有效加固深度，利用孔隙水压力监测资料，估算地基中某一测点的固结度。

2. 土压力监测

（1）土压力监测点布置。土压力监测是指地基土竖向土压力的监测，其监测点应分组布置，一般布置在夯锤正下方。

（2）土压力计选择。土压力监测应采用土压力计，地基土竖向土压力监测选用埋入式土压力计。土压力计应按荷载确定其量程，严禁超量程使用。土压力监测应优先用钢弦式仪器，其技术要求应符合现行国家标准《土工试验仪器　岩土工程仪器　振弦式传感器　通用技术条件》（GB/T 13606—2007）的规定。

（3）土压力计埋设。地基土竖向土压力计应埋设在地基土与填料（砂垫层）之间的部位，宜采用挖坑法埋设，并符合下列要求：

① 应用中粗砂制备基床面，并按规定的监测方向安设土压力计；

② 土压力计感应膜面应铺设细砂掩埋保护，覆盖厚度应大于 0.5m；

③ 土压力计周围填埋材料的级配、密度等宜与基础内填料的接近；

④ 土压力计埋设过程中应用仪器全程监测，发现问题及时处理、更换。

应根据实测土压力绘制荷载土压力曲线，分析地基在强夯过程中的受力状况。

3. 水平位移监测

（1）监测仪器与监测点布置。应在地基工程地质条件复杂的特征断面上布置 1～2 个监测孔（测斜管），其深度应大于地基沉降计算深度。深层土水平位移监测应以监测孔口为起点，每隔 0.5m 或 1.0m 在监测孔内布置监测点。

测斜仪在出厂时已在校正台上率定其灵敏度、线性度、零点及绝缘电阻，但使用过程中也应经常在校正台上率定检查，发现零点漂移时对测量数据进行修正。

测斜仪在现场使用前应做如下检查：

① 将测斜仪与电缆线接好，用 100V 兆欧表及万用表分别测量测斜仪及电缆芯线对地绝缘及测斜仪内阻，对地绝缘电阻应大于 50Ω，电缆芯线间的阻值四组为 90Ω，两组为 120Ω；

② 测斜仪由铅直状态向导向轮正、负方向倾斜至量程上下限时，应变增量应为 $\pm 1000\times10^{-6}$。

为提高测量精度，消除测量设备的系统误差，每个监测方向（x 或 y）的位移应逐段正、反方向各测读一次，并取其测值之差的平均值计算各段位移量。整个测管上所有同一段上的正反两次测值之和的平均值，理论上是测斜仪绝对铅直状态下的应变值，应为常数。在管接头处，正反两次测值之和变化较大时，可增加测次，选用正反两次测值之和的平均值较一致的测值进行计算。测斜仪探头掩埋于地层中的测斜管下放，测斜仪导向辊轮置于测斜管的纵向导槽内，自下而上，按设定间隔的侧向位移监测点依次测定。

（2）测斜管埋设。测斜导管宜选用 PVC 硬质塑料管或铝合金管采用钻孔法埋设。钻孔直径应大于 130mm，孔斜率应小于 1%，终孔后应洗孔。成孔后即下入测斜导管，测斜导管底部用底盖密封，测斜导管用连接管连接，连接处预留沉降段应为 10～15mm。应用经纬仪校正测斜管导向槽方向，使其对正欲测方向。钻孔孔壁与测斜管的环状空间应用中粗砂回填至地表并密实。

（3）测斜监测。水平位移监测点初始值应在测斜导管埋设 7d 后测取，宜取孔底或监测孔口地表土水平位移监测点为假想固定点，计算出测斜导管的初始空间位置，并视为监测基准垂线。监测前应对测斜仪进行检查，合格后方能使用。伺服加速度计式测斜仪测头应用四位半数字显示测读仪接收；电阻应变片式测斜仪应用电阻应变仪接收。深层土水平位移监测应符合下列规定：

① 监测方法：应将测斜仪导向辊轮置于测斜导管的导向槽内，并下放到测斜孔底，测斜仪自下而上逐点测定，每个测点应平行测读两次，同一监测方向应正反（0°～180°）各监测一次；

② 监测精度：平行测读两次读数差应符合两项规定，即伺服加速度计式测斜仪应小于 0.0002；电阻应变片式测斜仪应小于 $2\mu\varepsilon$。

监测完毕，应将测斜仪测头、电缆用软布擦干，辊轮加注机油，仪器存放在通风干燥处。

(4) 水平位移监测资料整理。应计算每次强夯后深层土水平位移，绘制深层土水平位移剖面分布图，分析深层土水平位移随地基土层的变化情况和特点以及随荷载时间的变化规律和特点。

4. 分层沉降监测

沉降观测主要有土层的分层沉降监测与地表沉降量监测。地基处理施工过程中必须对土层进行分层沉降监测，了解地基土层压缩密实情况。在地基处理现场试验研究中多数选用磁环式沉降仪。磁环安装在沉降管上，安装后与土层结合在一起，并随土体的位移而移动；沉降管是测量土体位移的导管，钢尺沉降仪在该导管内上下移动实现量测，钢尺按国家标准《钢卷尺》(QB/T 2443—2011) 的规定选用 1 级钢卷尺。

钢尺沉降仪的测试误差为±1mm，为了消除温度而引起的误差，应将钢尺沉降仪的探头先放至沉降管底，使量测时的环境温度始终为地下水温度，再自上而下（或自下而上）依次测量磁环式分层标的深度，应平行测量两次，其读数误差不大于±1mm。

分层沉降仪是用于测量地基分层沉降—深层土变形的仪器，在地层中布置若干个监测点，便能测取每层土的沉降量及总沉降量。根据测试数据的变化，可分析地基的沉降趋势及其稳定性。特别是与测斜仪配合使用，更能有效地监测地基变形的地下动态，是监控地基稳定的有效方法。

沉降变形监测方法及原理：沉降管口的标高用水准仪测量，钢尺沉降仪探头徐徐下入沉降管内，当探头经过磁环式分层标时，探头内的干簧管被吸合，电路接通，信号传到地面仪器。此时，以沉降管口的标高为基准，钢尺读数即为探头进入沉降管的深度，即为磁环式分层标所在位置的深度，相邻磁环式分层标的深度差值即为相应土层的厚度。

磁环式分层标的布设原则：每层土的分界面上各设置一个分层标，厚土层中间再加设一个分层标。采用钻孔法埋设磁环式分层标，先确定钻孔孔位和孔深，成孔后根据土层分界面的位置布设分层标，用 PVC 沉降管将磁环式分层标依次送到所测地层层位，这样，沉降管和磁环式分层标同时预埋设在土体中。在沉降管与钻孔孔壁的环形空间内填入特制的黏土球，磁环式分层标依靠弹性爪插入孔壁土层，磁环便固定在该处，稳固后便随所附土体同步变形。沉降管也是仪器测量深层土变形的导管，沉降仪在该导管内上下移动实现测量，沉降管管底用底盖密封；孔口用带铰链的活动钢板保护。

分层沉降监测应注意以下内容：

(1) 监测仪器与监测点布置。深层土竖向位移监测宜选用电磁式沉降仪或干簧管式L降仪，监测点宜布置在地基土层的分界面上。当土层较厚时，宜在厚土层中间增加监测点，且监测点的间距宜小于3m，监测孔口应布置地表土竖向位移监测基准点。

(2) 沉降管及沉降环埋设。沉降管宜选用PVC硬质塑料管，沉降环宜选用带叉簧片的沉降环。沉降管应采用钻孔法埋设。在钻孔内用沉降管将沉降环依次送到预定位置，沉降环的叉簧片用纸绳捆绑到沉降管上。沉降管接头及限位环与沉降管的连接应牢固，沉降管底口用端盖密封。用沉降仪检查沉降环的埋设位置，正确后，应立即在钻孔孔壁与沉降管的环状空间内回填膨润土干泥球封孔，沉降管口应采取保护措施。

(3) 分层沉降监测。深层土竖向位移监测点初始值应在沉降环埋设7d后或施工前测取。沉降管口的高程用水准仪测量。深层土竖向位移监测应符合下列规定：

① 电磁式沉降仪应用电磁式测头监测，干簧管式沉降仪应用干簧管式测头监测；

② 监测方法：测头在沉降管内自下而上测定，每个测点应平行测读两次；

③ 监测精度：平行测读两次的读数差应小于2mm。监测完毕后应将测头、钢尺用软布擦干，仪器应存放在通风干燥处；

(4) 深层土竖向位移监测资料整理。应绘制深层土竖向位移剖面分布图，分析深层土竖向位移随地基土层的变化情况和特点以及沉降随荷载时间深度的变化规律和特点。

1.4.2 质量检测

地基处理效果的检验是基础工程施工及验收阶段中一项很重要的工作，它包括施工过程中的质量检测和竣工验收时地基的质量检验。由于地基处理后的地基强度随着时间的增长有一个逐步恢复和提高的过程，质量检验必须在一定的间隔时间后方可进行，其间隔时间的长短因地基土性质不同而不同。碎石土、砂性土因孔隙水压力消散快，地基土强度恢复也快，间隔时间短些，一般可取7～14d；而粉土和黏性土间隔时间长些，一般为14～28d；强夯置换地基间隔时间可取28d。

地基处理质量检测主要是原位测试和室内试验相结合，通过对原位测试和室内试验的研究，取得土体加固前后的物理力学性能指标，并进行科学的对比，从而检验地基的加固效果。原位测试主要包括十字板剪切试验、静力触探试验和静载荷试验，取加固前后的地基强度指标进行对比，加固效果显而易见；室内试验主要有常规土工试验和土体微结构分析试验，以获得加固前后土体的物理力学参数，便于比较强夯加固软土地基的效果。

1. 标准贯入试验

标准贯入试验是土体原位测试的主要方法之一，其利用一定的锤击能量，将带有贯入器的探杆打入土中，按贯入的难易程度来评价土的性质。贯入度的大小，在一定条件下，反映了土层力学性质的差异。由于贯入器的内径只有35mm，只能适用于砂类土和黏性土，对碎石类土不适用。同时，标准贯入试验必须在钻孔中进行，因而不能取得连续的数据。

2. 平板载荷试验

平板载荷试验模拟建筑物地基土的受荷条件，在板底平整的刚性承压板上加荷载并通过承压板均匀传递给地基，以测定天然埋藏条件下地基土的变形特性，评定地基土的承载力，计算地基土的变形模量并预估实体基础的沉降量，能比较直观地反映地基土的变形特性。平板载荷试验一般用于以下几种情况：

（1）埋深为零的均质土层上的载荷试验。这是国内规范规定的最常用的试验情况，无论试验面深度多大，其试坑宽度均应大于承压板板宽度或直径的3倍，压板下应为均质土层，其厚度应大于压板直径的2倍。这类试验既可用以确定均质土的地基基本承载力 σ_0 和变形模量 E_0 值，又可用于其他原位测试的对比试验研究。

（2）基础设计面下土层的载荷试验。当实际基础尺寸和埋深均不大时，可直接采用与基础条件相同的承压板，在基底土上进行载荷试验，以直接确定地基土（包括非均质土）的承载力。

（3）不同压板宽度和埋深的载荷试验。这类载荷试验一般用在同一均质土层的不同标高面上，分别以大3倍压板宽度的间距，作不同压板宽度或不同压板埋置深度（这时试坑尺寸与压板尺寸相同）的对比试验，主要用以研究不同土类的承载力随基础宽度与埋深的变化规律。

3. 动力触探试验

动力触探也是利用一定的锤击能量，将带有探头的探杆打入土中，按贯入的难易程度来评价土的性质。动力触探与标准贯入试验都是快速的现场勘测方法，但两者的探头形式、探头在土中的贯入过程、土的破坏模式以及操作方法、试验工艺、应用范围都有明显的差别。动力触探主要用于素填土及碎石土地层，并可连续贯入，能在其试验深度范围内不间断测得土层的力学特性及变化规律。根据地基土的特性，我国动力触探试验类型及规格见表1-2。

表1-2　国内动力触探试验类型及规格

触探类型	落锤重量/kg	落锤距离/cm	触探杆外径/mm	应用
轻型	10±0.2	50±2	25	素填土
中型	28±0.2	80±2	33.5	砂土
重型	63.5±0.5	76±2	42	碎石土
超重型	120±1.0	100±2	56～60	密实碎石土

4. 旁压试验

旁压试验是工程地质勘察中的一种原位测试方法，也称横压试验，其原理是利用旁压器，在竖直的孔内使旁压膜膨胀并由该膜（或护套）将压力传给周围土体，使土体产生变形直至破坏，从而得到压力与钻孔体积增量（或径向位移）之间的关系，根据这种关系对地基土的承载力（强度）、变形性质等进行评价。旁压试验分预钻式旁压试验和自钻式旁压试验。预钻式旁压试验适用于坚硬、硬塑和可塑黏性土、粉土、密实和中密砂土、碎石土；自钻式旁压试验适用于黏性土、粉土、砂土和饱和软黏土。

5. 十字板剪切试验

十字板剪切试验是在钻孔内直接测定软黏性土的抗剪强度，其所测得的抗剪强度值相当于不排水剪的抗剪强度和残余抗剪强度或无侧限抗压强度的1/2。目前常用的试验方式有两种：

（1）开口钢环式十字板剪切试验是利用涡轮旋转插入土中的十字板头及开口钢环测出土的抵抗力矩，从而计算土的抗剪强度。其主要由测力装置、十字板头和轴杆组成。

（2）电阻应变式十字板剪切试验是利用静力触探仪的贯入装置，将十字板头压入到不同的试验深度，借助齿轮扭力装置旋转十字板头，用电子仪器量测土的抵抗力矩从而计算出土的抗剪强度。其主要由十字板头、回转系统、加压系统、量测系统、反力系统等组成。

6. 物探检测技术的应用

近年来随着工程物探技术的日臻成熟，其在岩土工程中的应用也越来越多。工程物探在地基处理检测中也逐步得到应用。面波法、电阻率法、重力法、磁法、地质雷达技术等物探方法的应用显现出其方便、快捷的特点；另外，工程物探方法的应用还解决了大面积检测的难题，因此，在具体的工程中将原位测试，土工试验及工程物探结合起来使用将会得到更好的效果，在一定意义上来讲更加的经济、高效。

弹性波速度是以弹性理论为依据，将岩土体视为弹性介质，利用弹性波在岩土中传播的特征（速度、振幅、频率）进行工程性质的研究。通过岩土弹性波的测量，提出岩土体的物理力学参数，并对岩土体进行综合评价。对于强夯地基而言，常用的方法主要是瑞利波法。瑞利波法有两类测试方法：一种是从频率域特性出发的稳态法，另一种是从时间域特性出发的宽频面波法。工程中多用稳态法，其利用稳态震源在地表施加一个频率稳定的强迫振动，将能量以地震波的形式向周围扩散，从而在震源周围产生一个随时间变化的正弦波振动，通过地面的设备来收集计算波速，然后改变激振频率，探测深度由深变浅，从而得出不同深度的弹性常数。该种方法不需要钻孔，不破坏地表结构物，成本较低，效率高，是一种很有前途的测试方法。

瑞利波法具有适用性广泛、全面、直观、检测周期短、检测范围大、检测深度深及检测设备简单易操作等特点，既可提供地基承载力、加固深度等重要的参数，又可对砂土液化地基进行评析，具有十分广阔的应用前景。

在实际工程应用中，将瑞利波法和静载荷试验、静力触探、标贯与土工试验法等所得到的资料结合起来，可获得更好、更为精确的工程效果，同时达到不同方法之间相互验证的目的。

7. 室内试验方法

室内试验是在室内对从现场所取的土样进行测试与分析，从而获得所需的土工参数，例如：

（1）砂土：颗粒级配、相对密度、天然含水量、重力密度、最大和最小密度。

（2）粉土：颗粒级配、液限、塑限、相对密度、天然含水量、重力密度、压缩模量、固结程度和抗剪强度。

（3）黏性土：液限、塑限、相对密度、天然含水量、重力密度、压缩模量、固结程度和抗剪强度。对湿陷性黄土，应加做湿陷性试验。

因各种检测方法对不同土类的适用性不同，所以对于一般工程应采用两种或两种以上的方法进行对比检测；对于重要工程应增加检测项目，有条件时也可以做现场大型压板载荷试验。

8. 检测注意事项

（1）测试数量

检测的数量，应根据场地复杂程度和建筑物的重要性确定。对于简单场地上的一般建筑物，每个建筑物地基的检验点不应少于 3 处；对于复杂场地或重要建筑物地基应增加检验点数。检验深度应不小于设计处理的深度。

（2）测试时间

地基处理施工结束后应间隔一定时间方能对地基质量进行检验。对砂土地基间隔时间不宜少于 7d，对粉土地基不宜少于 14d，黏性土地基不宜少于 28d，竖向增强体的检测宜在施工结束后 28d 后进行。

（3）施工记录检查

检查地基处理施工过程中应做好各项测试数据和施工的记录，不符合设计要求时应采取其他有效措施。

1.5　地基处理与环境保护

随着工业的发展，环境污染问题日益严重，公民的环境保护意识也逐渐提高，在进行地基处理设计和施工中一定要注意环境保护，处理好地基处理与环境保护的关系。

与某些地基处理方法有关的环境污染问题主要是噪声、地下水质污染、地面位移、振动、大气污染以及施工场地泥浆污水排放等。几种主要地基处理方法可能产生的环境影响问题如表 1-3 所示。事实上，一种地基处理方法对环境的影响还受施工工艺的影响，改进施工工艺可以减少甚至消除对周围环境的不良影响。因此，表 1-3 只能反映一般情况，仅供参考。在确定地基处理方案时，尚需结合具体情况，进一步研究分析。环保问题的政策地区性很强，需了解、研究、熟悉施工现场所在地环境保护的有关法令和规定、施工现场周围条件以及施工工艺才能正确选用合适的地基处理方法。例如在高精密度仪器楼的周围不宜采用强夯法；市区对噪声的控制要求要比郊区高，在市区处理废泥浆要比在郊区费用高很多。

表 1-3　几种主要的地基处理方法可能对环境产生的影响

可能带来的环境问题 / 地基处理方法	噪声	水质污染	振动	大气污染	地面水、淤泥污染	地面位移
换填法						
振冲碎石桩法	△		△		□	
强夯法/强夯置换法	□		□			△
表层夯实法	△		△			
砂石桩（置换）法	△		△			
石灰桩法	△		△	△		
堆载/真空预压法						
喷浆深层搅拌法						

续表

可能带来的环境问题 / 地基处理方法	噪声	水质污染	振动	大气污染	地面水、淤泥污染	地面位移
喷粉深层搅拌法				△		
高压喷射注浆法					△	
灌浆法						
振冲密实法	△		△			
挤密砂石桩法	△		△			
土桩、灰土桩法	□		△			
冻结法						□

注：□—影响较大；△—影响较小；空格表示没有影响

第 2 章　排水固结法

排水固结法是对天然地基，或先在地基中设置砂井、塑料排水带等竖向排水井（简称竖井），然后利用建筑物本身重量分组逐渐加载，或是在建筑物建造以前，在场地先行加载预压，使土体中的孔隙水排出，逐渐固结，地基发生沉降，同时加载强度逐步提高的方法。

对沉降要求较高的建筑物，如冷藏库、机场跑道等，常采用超载预压法处理地基。待预压期间的沉降达到设计要求后，移去预压荷载再建造建筑物。对于主要应用排水固结法来加速地基土强度的增长、缩短工期的工程，如路堤、土坝等，则可利用其本身的重量分级逐渐施加，使地基土强度的提高适应上部荷载的增加，最后达到设计荷载。

2.1　排水固结法原理

按照使用目的，排水固结法可以解决以下两个问题：

（1）沉降问题。使地基的沉降在加载预压期间大部分或基本完成，使建筑物在使用期间不致产生不利的沉降和沉降差。

（2）稳定问题。加速地基土抗剪强度的增长，从而提高地基的承载力和稳定性。

2.1.1　排水固结法系统组成

排水固结法是由排水系统和加压系统两部分共同组合而成的，排水固结法的系统组成见图 2-1。

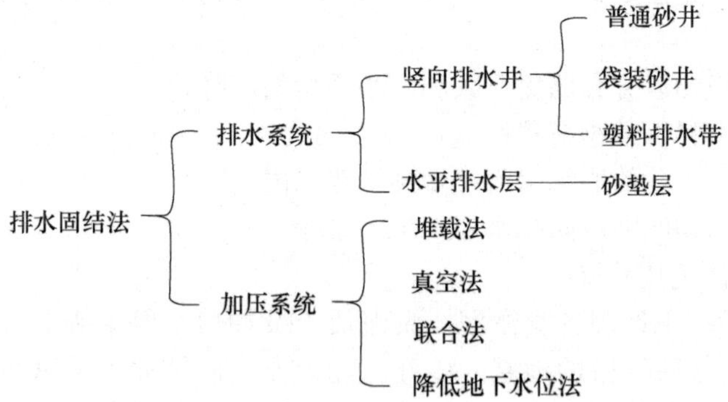

图 2-1　排水固结法系统组成

设置排水系统主要是为了改变地基原有的排水边界条件，增加孔隙水排出的通路，缩短排水距离。该系统是由竖向排水井和水平排水垫层构成的。当软土层较薄，或土的渗透性较好时，施工期较长，可仅在地面铺设一定厚度的排水垫层，然后加载，使土层中的孔隙水竖向流入垫层而排出。当工程上遇到深厚的、透水性很差的软黏土层时，可在地基中设置砂井或塑料排水带等竖向排水井，地面连以排水砂垫层，构成排水系统。

加压系统，即施加起固结作用的荷载。它可使土中的孔隙水产生压差而渗流，使土固结。其材料有固体（土石料等）、液体（水等）、真空负压力荷载等。

排水系统是一种手段，如没有加压系统，孔隙中的水没有压力差，水不会自然排出，地基也就得不到加固。如果只施加固结压力，不缩短土层的排水距离，则不能在预压期间尽快地完成设计所要求的沉降量，土的强度不能及时提高，各级加载也就不能顺利进行。

所以上述两个系统，在设计时总是需要联系起来考虑的。

在地基中设置竖向排水井，常用的是砂井，它是先在地基中成孔，然后灌以连续的砂石使其密实而成。普通砂井一般采用套管法施工。近年来袋装砂井和塑料排水带在我国得到越来越广泛的应用。

2.1.2 排水固结法应用条件

必须指出，排水固结法的应用条件除了要有砂井（袋装砂井或塑料排水带）的施工机械和材料外，还必须要有以下条件：预压荷载；预压时间；适用的土类。

预压荷载是个关键条件，因为施加预压荷载后才能引起地基土的排水固结。然而施加一个与建筑物相等的荷载，这并非轻而易举的事，少则几千吨，大则数万吨，许多工程因无条件施加预压荷载而不宜采用砂井预压处理地基，这时就必须采用真空预压法、降低地下水位法或电渗法。

1. 排水固结法分类

工程上广泛使用的、行之有效的增加固结压力的方法有堆载法、真空预压法，此外还有降低地下水位法、电渗法及几种方法兼用的联合法等。

作为综合处理的手段，排水固结法可和其他地基加固方法结合起来使用。如美国横跨旧金山湾南端的Dumbarton桥东侧引道路堤场地，该路堤下淤泥的抗剪强度小于5kPa，其固结时间将需要30～40年。为了支撑路堤和加速所预计的2m沉降，采用了如下解决方案：

① 采用土工织物以分布路堤荷载和减小不均匀沉降；

② 使用轻质填料以减小荷载；

③ 采用竖向排水井使固结时间缩短到1年以内；

④ 设置土工织物滤网以防排水层发生污染等。

2. 排水固结法适用范围

排水固结法适用于处理各类淤泥、淤泥质土及冲填土等饱和黏性土地基。砂井法特别适用于存在连续薄砂层的地基。砂井只能加速主固结而不能减少次固结，对有机质土和泥炭等次固结土，不宜采用砂井法。降低地下水位法、真空预压法和电渗法由于不增加剪应力，地基不会产生剪切破坏，所以它适用于很软弱的黏土地基。应用范围包括路堤、仓库、罐体、飞机跑道及轻型建筑物等。

2.1.3 排水固结加固机理

在饱和软土地基中施加荷载后，孔隙水被缓慢排出，孔隙体积随之逐渐减小，地基发生固结变形。同时，随着超静水压力逐渐消散，有效应力逐渐提高，地基土强度就逐渐增长。现以图 2-2 为例说明。

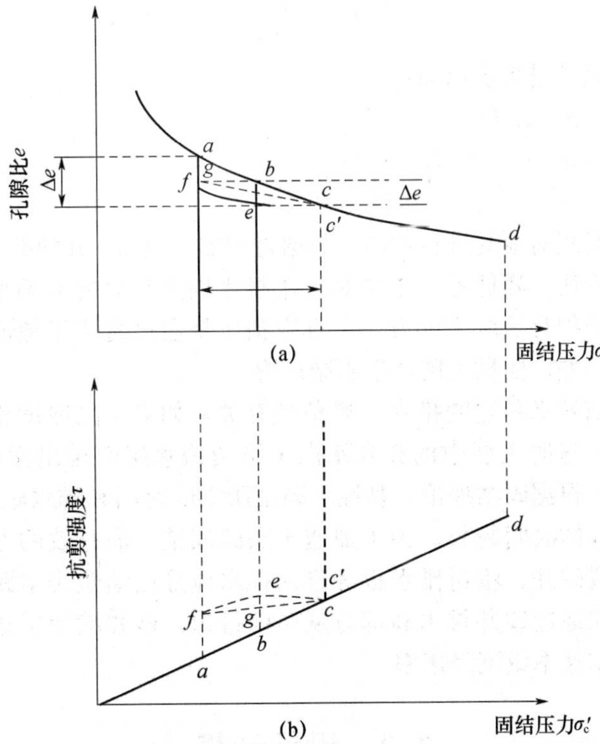

图 2-2 排水固结法增大地基土密度原理

当土样的天然固结压力为 σ'_c 时，其孔隙比为 e_0，在 $e-\sigma'_c$ 坐标上其相应的点为 a 点，当压力增加 $\Delta\sigma'$，固结结束时，变为 c 点，孔隙比减小 Δe，曲线 abc 称为压缩曲线。与此同时，抗剪强度与固结压力成比例地由 a 点提高到 c 点。所以，土体在受压固结时，一方面孔隙比减小产生压缩，另一方面抗剪强度也得到提高。如从 c 点卸除压力 $\Delta\sigma'$，则土样发生膨胀，图中 cef 为卸荷膨胀曲线。如从 f 点再加压 $\Delta\sigma'$，土样发生再压缩，沿虚线变化到 c'，其相应的强度线如图 2-2 中所示。从再压缩曲线 fgc'，可清楚地看出，固结压力同样从 σ'_0 增加 $\Delta\sigma'$，而孔隙减小值为 $\Delta e'$，$\Delta\sigma'$ 比 e' 小得多。这说明，如在建筑物场地先加一个和上部建筑物相同的压力进行预压，使土层固结（相当于压缩曲线上从 a 点变化到 c 点），然后卸除荷载（相当于膨胀曲线上从 c 点变化到 f 点）再建造建筑物（相当于在压缩曲线上从 f 点变化到 c' 点），这样，建筑物新引起的沉降即可大大减小。如果预压荷载大于建筑物荷载，即所谓超载预压，则效果更好。因为经过超载预压，当土层的固结压力大于使用荷载下的固结压力时，原来的正常固结黏土层将处于超固结状态，而使土层在使用荷载下的变形大为减小。

土在某一压力作用下，自由水逐渐排出，土体随之压缩，土体的密度和强度随时间增长的过程称为土的固结过程。所以，固结过程就是超静水压力消散、有效应力增长和土体逐步压密的过程。

如果地基内某点的总应力为 σ，有效应力为 σ'，孔隙水压力为 u，则三者的关系为：

$$\sigma' = \sigma - u \tag{2-1}$$

此时的固结度 U 表示为：

$$U = \frac{\sigma'}{\sigma + u} \tag{2-2}$$

故加荷后土的固结过程表示为：

$t=0$ 时：$u=\sigma$，$\sigma=0$，$U=0$

$0<t<\infty$时：$u+\sigma'=0$，$0<U<1$

$t=\infty$时：$u=0$，$\sigma'=0$，$U=1$（固结完成）

用填土等外加荷载对地基进行预压，是通过增加总应力 σ 并使孔隙水压力 u 消散来增加有效应力 σ'的方法。降低地下水位和电渗排水则是在总应力不变的情况下，通过减小孔隙水压力来增加有效应力的方法。真空预压是通过覆盖于地面的密封膜下抽真空膜使内外形成气压差，使黏土层产生固结压力。

土层的排水固结效果和它的排水边界条件有关，如果土层厚度相对荷载宽度（或直径）来说比较小，这时土层中的孔隙水向上下两透水层面排出而使土层发生固结，称为竖向排水固结。根据固结理论，黏性土固结所需的时间和排水距离的平方成正比，土层越厚，固结延续的时间越长。为了加速土层的固结，最有效的方法就是增加土层的排水途径，当设置砂井、塑料排水板等竖向排水体等已缩短排水距离时，土层中的孔隙水主要从水平向通过砂井排出和部分从竖向排出。砂井缩短了排水距离，因而大大加速了地基的固结速率或沉降速率。

2.2 设计计算

2.2.1 固结度计算

固结度计算是排水固结法加固设计中一项非常重要的内容，只有知道了不同时间的固结度，才可以进一步推算强度增长和加固期间地基的沉降、预压的时间等。固结度计算依据加载方式不同可分为瞬时加载和分级加载，依是否设置排水竖井可分为竖向排水固结和向内径方向排水固结以及同时竖方向和向内径向排水固结等类型。

1. 瞬间加载固结度计算

瞬间加载条件下地基固结度计算如图 2-3～图 2-5 所示，不同条件下平均固结度计算公式见表 2-1。

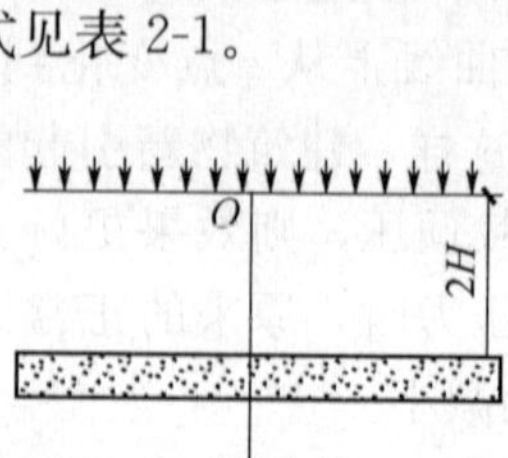

图 2-3　竖向排水固结

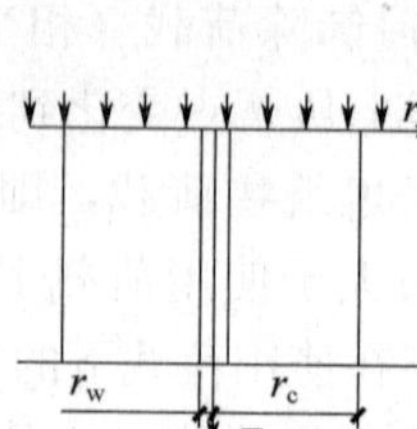

图 2-4　砂井排水固结

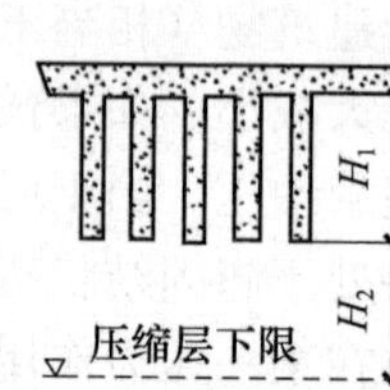

图 2-5　砂井未打穿受压土层的情况

表 2-1 不同条件下平均固结度计算公式

序号	条件	平均固结度计算公式	α	β	备注
1	普通表达式	$\bar{U}=1-\alpha e^{-\beta}$			
2	竖向排水固结 ($\bar{U}_z>30\%$)	$\bar{U}_z=1-\frac{8}{\pi^2}e^{-\frac{\pi^2 C_v}{4H^2}t}$	$\frac{8}{\pi^2}$	$\frac{\pi^2 C_v}{4H^2}$	Tezaghi 解
3	向内径方向排水固结	$\bar{U}_r=1-e^{-\frac{8C_h}{F_n d_e^2}t}$	1	$\frac{8C_h}{F_n d_e^2}$	Barron 解 $F_n=\frac{n^2}{n^2-1}\ln(n)-\frac{3n^2-1}{4n^2}$ 其中 n 为井径比，$n=\frac{d_e}{d_w}$
4	竖向和向内径方向排水固结	$\bar{U}_{rz}=1-\frac{8}{\pi^2}e^{-\left(\frac{\pi^2 C_v}{4H^2}+\frac{8C_h}{F_n d_e^2}\right)t}$	$\frac{8}{\pi^2}$	$\frac{\pi^2 C_v}{4H^2}+\frac{8C_h}{F_n d_e^2}$	
5	砂井未打穿受压土层的平均固结度	$\bar{U}=Q\bar{U}_{rz}+(1-Q)\bar{U}_z \approx 1-\frac{8Q}{\pi^2}e^{-\frac{8C_h}{F_n d_e^2}t}$	$\frac{8Q}{\pi^2}$	$\frac{8C_h}{F_n d_e^2}$	$Q=\frac{H_1}{H_1+H_2}$
6	向内径方向排水固结 ($\bar{U}_r>60\%$)	$\bar{U}_r=1-0.692e^{-\frac{5.78C_h}{R^2}t}$	0.692	$\frac{5.78C_h}{R^2}$	R 为土柱体半径

注：C_v——土的竖向固结系数，$C_v=\frac{k_v(1+e)}{\alpha\gamma_w}$；

C_h——土的水平向固结系数，$C_h=\frac{k_h(1+e)}{\alpha\gamma_w}$；

d_e——单个砂井有效影响范围的直径；

d_w——砂井直径；

k_v、k_h——分别为土的竖向、水平向渗透系数；

α、e——分别为土的压缩系数、孔隙比。

2. 多级等速加载固结度计算固结度计算

实际工程施工过程中，为保证地基的稳定性，其荷载多为分级逐渐施加的，在多级等速加载条件下，当固结时间为 t 时，对应总荷载的地基平均固结度可按下式计算：

$$\bar{U}_t=\sum_{i=1}^{n}\frac{q_i}{\sum\Delta p}\left[(T_i-T_{i-1})-\frac{\alpha}{\beta}e^{-\beta t}(e^{\beta T_i}-e^{\beta T_{i-1}})\right] \tag{2-3}$$

式中 $\bar{U}_t$——t 时刻多级荷载等速加荷修正后的平均固结度（%）；

$\sum\Delta p$——各级荷载的累计值（kPa）；

q_i——第 i 级荷载的平均加速度率（kPa/d）；

T_{i-1}、T_i——第 i 级荷载加载的起始和终止时间（从零点起算），当计算第 i 级荷载等速加载过程中时间 t 的固结度时，则 T_i 改用 t；

α、β——参数，参见表 2-1。

计算固结度时应注意以下几个影响因素：

（1）初始孔隙水压力：砂井固结度计算公式都是假设初始孔隙水应力等于地面荷载强度，且在整个砂井地基中应力分布是相同的。这些假设只有当荷载面的宽度足够大时才与实际情况比较符合。一般认为，当荷载面的宽度等于砂井长度时，以上假设的误差可忽略不计。

（2）涂抹与井阻作用：当排水竖井采用挤土方式施工时，应考虑涂抹对土体固结的影响。当竖井的纵向通水量与天然土层水平向渗透系数的比值较小，且长度又较长时，应考虑井阻影响。

对于一级或多级等速加荷条件下，考虑涂抹和井阻影响时，竖井穿透受压土层地基的平均固结度可按表 2-1 计算，其中 $\alpha=\frac{8}{\pi^2}$，$\beta=\frac{\pi^2 C_v}{4H^2}+\frac{8C_h}{F_n d_e^2}$。

2.2.2 抗剪强度增长计算

在预压荷载作用下，随着排水固结的进程，地基土的抗剪强度逐渐增长；另一方面，剪应力随着荷载的增加而加大，而且剪应力在某种条件下，还能导致强度的衰减。为保证地基在预压荷载下的稳定性，需研究由预压荷载引起的地基抗剪强度的增长规律。

计算预压荷载下饱和黏性土地基中某点的抗剪强度时，应考虑土体原来的固结状态。对正常固结饱和黏性土地基，某点某一时间的抗剪强度可按下式计算：

$$\tau_{ft}=\tau_{f0}+\Delta\sigma_z U_t \tan\varphi_{cu} \tag{2-4}$$

式中 τ_{ft}——t 时刻该点土的抗剪强度（kPa）；

τ_{f0}——地基土的天然抗剪强度（kPa）；

$\Delta\sigma_z$——预压荷载引起的该点的附加竖向应力（kPa）；

U_t——该点土的固结度；

φ_{cu}——三轴固结不排水压缩试验求得的土的内摩擦角（°）。

2.2.3 沉降计算

对于以稳定为控制条件的工程，如堤、坝等，通过沉降计算可预估施工期间由于基底沉降而增加的土方量；还可以估计工程竣工后尚未完成的沉降量，作为堤坝预留沉降缝高度及路堤加宽的依据。对于以沉降为控制的建筑物，沉降计算的目的在于估计所需预压时间和各时期沉降量的发展情况，以调整排水系统和预压系统时间的关系，提出施工阶段的设计。

地基土的总沉降量一般包括瞬时沉降、固结沉降和次固结沉降三部分。瞬时沉降是在荷载施加后立即产生的沉降量，由剪切变形引起，这部分变形不可忽略；固结沉降是指地基排水固结所引起的沉降，占总沉降量的主要部分；次固结沉降是由于超静孔隙水压力消散后，土骨架在持续荷载作用下发生的蠕变引起的沉降。次固结沉降的大小与土的性质有关，一般泥炭土、有机质土或高塑性黏性土的次固结沉降较大，其他土的次固结沉降在总沉降中所占比例则不大。

在实际工程中，常采用经验算法，考虑地基剪切变形和其他因素的综合影响，以固结沉降量为基准，用经验系数予以修正，得到最终沉降量。固结沉降量计算采用分层总和法。预压荷载下地基的最终竖向沉降量可按下式计算：

$$s_f=\xi\sum_{i=1}^{n}\frac{e_{0i}-e_{1i}}{1+e_{0i}}h_i \tag{2-5}$$

式中 s_f——地基最终竖向沉降量；

e_{0i}——第 i 层中点土自重应力所对应的孔隙比，由室内固结试验曲线 $e \sim p$ 查得；

e_{1i}——第 i 层中点土自重应力与附加应力之和所对应的孔隙比，由室内固结试验曲线 $e \sim p$ 查得；

h_i——第 i 层土层厚度；

ξ——经验系数，对于正常固结饱和黏性土地基，可取 1.1～1.4，荷载较大、地基土较软弱时取较大值，否则取较小值。

由于地基变形的绝大部分发生在基础以下一定的深度内，故地基变形计算时，可取附加应力与土自重应力的比值为 0.1 的深度作为受压层的计算深度。

在预压进行过程中，应及时整理竖向变形与时间、孔隙水压力与时间等关系曲线，并推算地基的最终竖向变形和不同时间的固结度，以分析地基处理效果，并为确定卸载时间提供依据。

工程上往往利用实测竖向变形与时间关系曲线用下式推算最终竖向变形量 s_f 和参数值 β。

$$s_f = \frac{s_3(s_2 - s_1) - s_2(s_3 - s_2)}{(s_2 - s_1) - (s_3 - s_2)} \tag{2-6}$$

$$\beta = \frac{1}{t_2 - t_1} \ln \frac{s_2 - s_1}{s_3 - s_2} \tag{2-7}$$

式中 s_1、s_2、s_3——加荷停止后时间在 t_1、t_2、t_3 时相应的竖向变形量，并要求取 $t_2 - t_1 = t_3 - t_2$。

停荷后预压时间延续越长，推算的结果越可靠，有了 β 值即可利用平均固结度计算公式，计算出任意时间的固结度。

2.2.4 稳定性计算

在软黏土上堆载预压时，如加载过快，往往会引起地基的失稳，因而预压工程在加荷过程中应对每级荷载下地基的稳定性进行验算，以保证工程的安全、经济、合理。

通过稳定分析，可以得知以下内容：

① 地基在其天然抗剪强度条件下之最大堆载。

② 预压过程中各级荷载下地基的稳定性。

③ 最大许可预压荷载。

④ 理想的堆载计划。

在软黏土地基上筑堤、坝，或进行堆载预压，其破坏往往是由于地基的稳定性不足引起的。当软黏土层较厚时，滑裂面近似为一圆筒面，且切入地面以下一定深度。对于砂井地基或含有较多薄粉砂夹层的软黏土地基，由于其具有良好的排水条件，在进行稳定分析时应考虑地基在填土等荷载作用下会产生固结而使土的强度提高的现象。

地基稳定性分析的方法很多，常采用的是圆弧滑动法。

软黏土地基抗剪强度低，无论是直接建造建筑物，还是进行堆载预压，往往都不可能快速加载，而必须分级逐渐加载，即待前期荷载下地基强度增加到足以加下一级荷载时方可加下一级荷载。其计算步骤是，首先用简便的方法确定一个初步的加载计划，然后校核这一加载计划下地基稳定性和沉降。

2.2.5 堆载预压分级加载步骤

（1）利用地基的天然抗剪强度计算第一级容许施加的荷载 P_1，对长条梯形填土，可根据 Fellenius 公式估算，即

$$P_1=5.52\tau_{f0}/F \tag{2-8}$$

式中 τ_{f0}——天然地基不排水抗剪强度，由无侧限、三轴不排水剪切试验或原位十字板剪切试验测定；

F——安全系数，建议采用 1.1～1.5。

（2）计算第一级荷载下地基强度增长值。在 P_1 荷载下，经过一段时间预压，地基强度将提高为 τ_{f1}，即

$$\tau_{f1}=\eta\ (\tau_{f0}+\Delta\tau_{f0}) \tag{2-9}$$

式中 $\Delta\tau_{f0}$——P_1 作用下，地基因固结而增长的强度，通常假设地基的固结度为 70%；

η——考虑剪切蠕变的强度折减系数。

（3）计算 P_1 作用下达到所定固结度所需要的时间。这一步计算的目的是确定第一级荷载停歇的时间，亦即第二级荷载开始施加的时间。

（4）根据第（2）步所得到的地基强度 τ_{f1} 计算第 2 级所能施加的荷载 P_2，即

$$P_2=5.52\tau_{f1}/F \tag{2-10}$$

同样，求出在 P_2 作用下地基固结度达 70%时的强度以及所需时间，然后计算第 3 级所能施加的荷载。依次计算出以后各级荷载和停歇时间，初步的加载计划也就确定下来。

（5）对按以上步骤确定的加载计划进行每一级荷载下地基的稳定性验算，如稳定性不满足需求，则调整加载计划。

（6）计算预压荷载下地基的最终沉降量和预压期间的沉降量。这一项计算的目的在于确定预压荷载卸除的时间，这时地基在预压荷载下所完成的沉降量已达设计要求，所剩留的沉降为建筑物所允许。

2.2.6 砂井堆载预压法

在建造建筑物之前，在建筑场地进行堆载预压，使地基的固结沉降基本完成和提高地基土强度的方法，称为堆载预压法。堆载预压法是加荷系统中最常用的一种方法，根据永久荷载的大小，可在软土表面堆置相应的砂石料、钢锭等荷载，堆载法的最大优点是计量明确，施工技术简单，对地质条件的要求适应性广。但这种方法的工程量大、投资高，特别是当堆载用料来源有困难时，则更不经济。

当工程上遇到的黏性土厚度很大时，黏性土层固结将十分缓慢，地基土的强度增长太慢，而不能快速堆载，需要很长的预压时间。这时可以在地基内设置竖向排水体，以缩短排水距离，增加土层的固结。因而，堆载预压法通常设置竖向排水体，加快黏性土固结速度。

竖向排水体常用砂井或塑料排水带（板）辅助排水。砂井法包括普通砂井、袋装砂井等，是指在软黏土地基中，设置一系列砂井，在砂井之上铺设砂垫层或砂沟，人

为地增加土层固结排水通道，缩短排水距离，从而加速固结，并加速强度增长。砂井法通常辅以堆载预压，称为砂井堆载预压法。其适用于透水性低的软弱黏性土，但对于泥炭土等有机质沉积物不适用，因有机质沉积物次固结沉降占的比例较大，用砂井排水效果不大。

1. 竖井的尺寸和布置

根据以上工程特点，竖井直径可小到 7～12cm。竖井间距是指相邻砂井中间的距离，是影响固结速率的主要原因之一。竖井间距一般为竖井直径的 6～10 倍，常用 1～2m。竖井平面布置形式有等边三角形（图 2-6（a））和正方形（图 2-6（b））两种。当竖井为正方形排列时，每个竖井的影响范围为正方形；当竖井为等边三角形排列时，每个竖井影响范围为正六边形（如图 2-6（a）和图 2-6（b）中虚线所示）。在实际进行固结计算时，Barron 建议将每个排水井的影响范围化作一个等面积圆来求解，等效圆的直径 d_e 与排水井距 l 的关系见式（2-11）与式（2-12）。

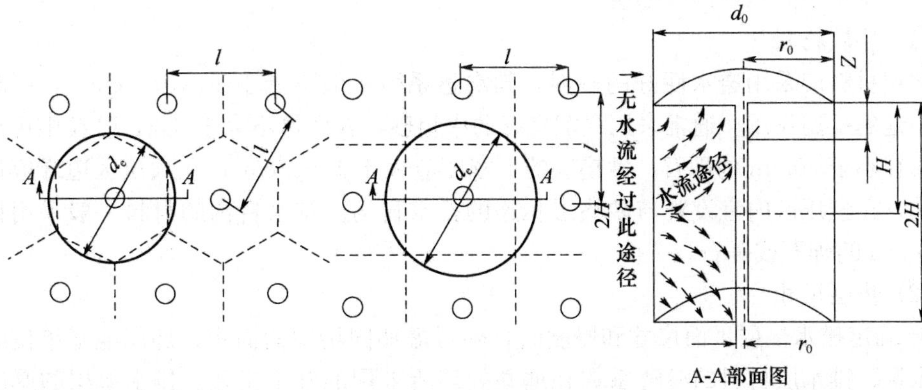

(a) 等边三角形排列　　(b) 正方形排列　　(c) 部面图

图 2-6　竖井平面布置图及影响范围土柱体剖面

等边三角形排列时：

$$d_e=\sqrt{\frac{2\sqrt{3}}{\pi}}\,l=1.050l \tag{2-11}$$

正方形排列时：

$$d_e=\sqrt{\frac{4}{\pi}}\,l=1.128l \tag{2-12}$$

2. 竖井的深度

竖井深度一般为 10～20m，具体应用时，需根据软土层的厚度、荷载大小和工程要求而定。一般来说，竖井不一定都要穿过整个软土层，当软土层不厚、底部有透水层时，竖井应尽可能穿透软土层。在竖井顶部应铺设砂垫层，可作为良好的排水通道，并与各砂井连通，从而将水排至场地以外。

2.2.7　塑料排水带

塑料排水带的作用原理和设计计算方法和砂井相同，设计计算时，把塑料排水带换算成圆柱体，对截面宽度为 b、厚度为 δ 的塑料排水带，其当量换算直径 D_p 可按下式计算：

$$D_p=\alpha\frac{2\ (b+\delta)}{\pi} \tag{2-13}$$

2.3 施工工艺

2.3.1 堆载预压法

要保证堆载预压法的加固效果，主要做好以下三个环节：铺设水平排水砂垫层；设置竖向排水体；施加固结压力。

1. 水平排水砂垫层

水平排水砂垫层的作用是使在预压过程中，从土体进入垫层的渗流水迅速地排出，使土层的固结能正常进行，防止土颗粒堵塞排水系统。因此预压法处理地基必须在地表铺设与排水竖井相连的砂垫层。

(1) 垫层材料

垫层材料应采用透水性好的砂料，其渗透系数一般不低于 1×10^{-2}cm/s，同时能起到一定的反滤作用。通常采用级配良好的中粗砂，含泥量不大于3%，砂粒中可混有少量粒径小于50mm的砾石，砂垫层的干密度应大于1.5g/cm^3，在预压区边缘应设置排水沟，在预压区内宜设置与砂垫层相连的排水盲沟。排水盲沟的材料一般采用粒径为3～5cm的碎石或砾石。

(2) 垫层尺寸

① 确定排水垫层平面尺寸和厚度时，须考虑加固场地的面积、加固地基单位时间的排水量、排水层材料的渗透系数和地基处理所采用的施工工艺。排水垫层的厚度首先要满足从土层渗入垫层的渗流水能及时地排出；另一方面能起到持力层的作用。一般情况下砂垫层厚度不应小于50cm，水下垫层厚度为80～100cm，对新吹填不久的或无硬壳层的软黏土及水下施工的特殊条件，应采用厚的或混合料排水垫层；

② 排水层兼作持力层，则还应满足承载力的要求。对于天然地面承载力较低而不能满足正常施工的地基，可适当加大砂垫层的厚度；

③ 排水砂垫层宽度等于铺设场地宽度，砂料不足时，可用砂沟代替砂垫层；

④ 砂沟的宽度为2～3倍砂井直径，一般深度为40～60cm。

(3) 垫层施工

水平排水垫层的施工与铺设要满足如下施工要求：

① 垫层平面尺寸和厚度符合设计要求；

② 与竖向排水通道连接良好，不允许杂物堵塞或割断连接；

③ 不得扰动天然地基；

④ 不得将泥土或其他杂物混入垫层。

2. 竖井的施工工艺

竖井在工程中的应用有：普通砂井、袋装砂井、塑料排水带。

砂井的砂料应选用中、粗砂，含泥量小于3%，其渗透系数应大于 1×10^{-2}cm/s。

1）普通砂井施工要求

① 保持砂井连续和密实，并且不出现缩颈现象；

② 尽量减小对周围土的扰动；

③ 砂井的长度、直径和间距应满足设计要求。

砂井施工一般先在地基中成孔，再在孔内灌砂形成砂井。砂井的灌砂量应按井孔的体积和砂在中密状态时的干密度计算，其实际灌砂量不得小于计算值的95%。

为了避免砂井缩颈或夹泥现象，可用灌砂的密实度来控制灌砂量。灌砂时可适当灌水，以利密实。

砂井位置的允许偏差为该井的直径，垂直度的允许偏差为1.5%内。

2）袋装砂井施工

袋装砂井是用具有一定伸缩性和抗拉强度很高的聚丙烯或聚乙烯编织袋装满砂子，它基本上解决了大直径砂井中所存在的问题（如涂抹扰动、错位、缩颈、夹泥等），使砂井的设计和施工更加科学化，保证了砂井的连续性；设备实现了轻型化；比较适应在软弱地基上施工；用砂量大为减少；施工速度加快、工程造价降低，是一种比较理想的竖向排水体。

在国内，袋装砂井成孔的方法有锤击打入法、水冲法、静力压入法、钻孔法和振动贯入法五种。

砂袋材料必须选用抗拉力强、抗腐蚀和抗紫外线能力强、透水性能好、韧性和柔性好、透气，并且在水中能起滤网作用和不外露砂料的材料制作。国内采用过的砂袋材料有麻布袋、聚丙烯编织袋。

袋装砂井施工要求：

① 将钢套管（管径较砂袋直径大，一般袋装砂井直径为7cm，套管采用89mm×3.5mm无缝钢管，下端用可开闭的底盖或预制桩靴）打入土中要求的深度。

② 将准备好的砂袋，长度比砂井长500mm，扎好下口后向袋内灌入洁净的直径约20cm上下（高度）的中、粗砂作为压重，放入套管沉到要求深度。使其放入井孔内后能露出地面，以便埋入排水砂垫层中，即保证袋装砂井砂袋埋入砂垫层中的长度不小于500mm。

③ 若砂袋放入套管内不能达到要求深度，会有一部分拖留在地面，此时需用机械排泥处理，使其继续下沉达到规定深度。

④ 将袋口固定于装砂漏斗，通过振动装砂入袋，灌入砂袋的砂宜用干砂，并应灌制密实。砂装满后，卸下砂袋，拧紧套管上盖，然后一边把压缩空气送进套管，一边提升套管直至地面。

袋装砂井施工时，平面井距偏差不应大于井径，垂直度偏差不应大于1.5%，深度不得小于设计要求。

3）塑料排水带施工

塑料带排水法是将带状塑料排水带用插带机将其插入软土中，然后在地基面上加载预压（或采用真空预压），土中水沿塑料带的通道溢出，从而使地基土得到加固的方法。

塑料带排水法是由纸板排水发展和演变而来的。其特点是单孔过水断面大，排水畅通、质量轻、强度高、耐久性好、耐酸、耐碱、滤膜与土体接触后有滤土能力，是一种较理想的竖向排水体。塑料排水带施工工艺如下：

（1）插带机械：塑料排水带的施工质量在很大程度上取决于施工机械的性能，有时会成为制约施工的重要因素。

用于插设塑料带的插带机，种类很多，性能不一。由于大多在软弱地基上施工，因此要求其行走装置具有机械移位迅速，对位准确；整机稳定性好，施工安全；对地基土扰动小，接地压力小等性能。

（2）插带的施工工艺：塑料排水带布设顺序包括：定位；将塑料带通过套管从管靴穿出；将塑料带与桩尖连接固定；桩尖对准桩位；插入塑料带至设计深度；拔管剪断塑料带等。

在施工中应注意以下几点：

① 塑料排水带施工时，宜配置能检测其深度的设备。

② 塑料带与桩尖连接要牢固，避免提管时脱开导致将塑料带拔出；桩尖可采用混凝土圆形桩尖或倒梯形金属（塑料）桩尖。

③ 塑料带需接长时，为减小带与导管阻力，应采用滤膜内芯带平搭接的连接方法，为保证排水畅通应有足够的搭接强度，搭接长度宜大于200mm。

④ 塑料排水带施工所用套管应保证插入地基中的带子不扭曲，以防止塑料排水带纵向通水量减小，施工时所用套管应采用菱形断面或出口段为扁矩形的断面，不应全部都采用圆形断面。

⑤ 塑料排水带施工时，平面井距偏差不应大于井径，垂直度偏差不应大于1.5%，深度不得小于设计要求。

⑥ 塑料排水带埋入砂垫层中的长度不应小于500mm。

3. 预压荷载施工

（1）利用建筑物自重加压

利用建筑物本身重量对地基加压是一种经济而有效的方法。此法一般以地基的稳定性为控制条件，能适应较大变形的建筑物，如路堤、土坝、贮矿场、油罐、水池等。特别是对油罐或水池等建筑物，先进行充水加压，一方面可检验罐壁本身有无渗漏现象，同时，还同利用分级逐渐充水预压，使地基土强度得以提高，满足稳定性要求。对路堤、土坝等建筑物，由于填土高、荷载大，地基的强度不能满足快速填筑的要求，工程上都采用严格控制加荷速率，逐层填筑的方法以确保地基的稳定性。

目前我国高速公路采用的薄层轮加法填筑技术比一般的堆载预压法省时70%左右，如6m填土高度，每层填土厚300～400mm，每层需施工7d，则4～6个月可完成。

对整片基础的建（构）筑物，如果工期许可，在建造过程中，可以先在未经预压的天然软土地基上直接建造一部分建筑物，但该部分施工的分级荷重不能超过天然地基承载力，在该级荷载作用下，天然软土地基得到加固，土体强度得以提高，然后建造下一部分建筑物，土体强度得以进一步提高，依次进行。随着建筑物的建造，天然地基土的强度不断提高，最终达到设计承载力。

利用建筑物自重预压处理地基，应考虑给建筑物预留沉降高度，保证建筑物预压后，其标高满足设计标高。

在处理油罐等容器地基时，应保证地基沉降的均匀度，保证罐基中心和四周的沉降差异在设计许可范围内，否则应分析原因，在加载预压同时采取措施进行纠偏。

(2) 堆载预压

堆载预压的材料一般以散料为主，如石料、砂、砖等。大面积施工时通常采用自卸汽车与推土机联合作业，对超软地基的堆载预压，第一级荷载宜用轻型机械或人工作业。当预压荷载不太大时，也可以采用加水（袋）预压。

施工时应注意以下几点：

① 堆载面积要足够。堆载的顶面积不小于建筑物底面积。堆载的底面积也应适当扩大，以保证建筑物范围内的地基得到均匀加固。

② 堆载要求严格控制加荷速率，保证在各级荷载下地基的稳定性，同时要避免部分堆载过高而引起地基的局部破坏。

③ 堆载预压地基设计的平均固结度要求不宜低于 90%，且应在现场检测的变形速率明显变缓时方可卸荷。

④ 对超软黏性土地基，荷载的大小、施工工艺更要精心设计，以避免对土的扰动和破坏。

不论利用建筑物荷载加压还是堆载预压，最为危险的是急于求成，不认真进行设计，忽视对加荷速率的控制，施加超过地基允许承载力的荷载。特别对打入式砂井地基，未待因打砂井而使地基减小的强度得到恢复就进行加载，这样就容易导致工程的失败。从沉降角度来分析，地基的沉降不仅仅是固结沉降，由于侧向变形也产生一部分沉降，特别是当荷载大时，如果不注意加荷速率的控制，就会产生地基内局部塑性区而因侧向变形引起沉降的现象，从而增大总沉降量。

对堆载预压工程，在加载过程中应满足地基强度和稳定控制要求。在加载过程中应进行竖向变形、边桩水平位移及孔隙水压力等项目的监测，且根据监测资料控制加载速率。对竖井地基而言，最大竖向变形量每天不应超过 15mm；对天然地基而言，最大竖向变形量每天不应超过 10mm，边桩水平位移每天不应超过 5mm，并且应根据上述观察资料综合分析判断地基的稳定性及发展趋势，对铺设有土工织物的堆载工程，要注意破坏的突发性。

2.3.2　真空预压施工工艺

在需要加固的黏土地基内设置竖井，地面上铺设砂垫层，然后用薄膜密封砂垫层，用真空泵对砂垫层及砂井抽气，在大气压力作用下加速地基固结的地基处理方法称为真空预压法。

真空预压法适用于能在加固区形成（包括采取措施后形成）稳定负压边界条件的软土地基。由于真空预压法是在地基中产生等向负压力而使土层固结，地基剪应力不增加。因此，地基不会产生剪切破坏，对软弱黏土层是有利的。

1. 加固区域划分

加固区域划分是真空预压施工的重要环节，理论计算结果和实际加固效果均表明每块真空预压加固场地的面积宜大不宜小。目前国内单块真空预压面积已达 30000m^2，但如果受施工能力或场地条件限制，需要把场地划分成几个加固区域，分期加固，则划分区域时要考虑以下几个因素：

① 按建（构）筑物分布情况，应确保每个建（构）筑物位于一块加固区域之内，建筑边线距加固区有效边线根据地基加固厚度可取 2～4m 或更大些，应避免两块加固区的分界线横过建（构）筑物，否则将会由于两块加固区分界区域的加固效果差异而导致建（构）筑物发生不均匀沉降；

② 应考虑竖向排水体打设能力、加工大面积密封膜的能力、大面积铺膜的能力和经验，以及射流装置和滤管的数量等；

③ 以满足建筑工期要求为依据，一般加固面积以 6000～10000m² 为宜；

④ 在风力较大地区施工时，应在可能情况下适当减小加固区面积；

⑤ 加固区之间的距离应尽量减小或者共用一条封闭沟。

2. 工艺设备

抽真空工艺设备包括真空源和一套膜内、膜外管路。

（1）真空源

真空源目前国内大多采用射流真空装置，射流真空装置由射流箱和离心泵组成。抽真空装置的布置视加固面积和射流装置的能力而定，一套高质量的抽真空装置在施工初期可负担 1000～1200m² 的加固面积，后期可负担 1500～2000m² 的加固面积。抽真空装置设置数量应以始终保持密封膜内高真空度为原则。膜下真空值一般要求大于 80kPa。

（2）膜外管路

膜外管路连接着射流装置的回阀、截水阀、管路。过水断面应能满足排水量，且能承受 100kPa 径向力而不变形破坏的要求。

（3）膜内水平排水滤管

膜内水平排水滤管目前常用直径为 60～70mm 的铁管或硬质塑料管。为了使水平排水滤管标准化并能适应地基沉降变形，滤水管一般长度为 5m；滤水部分钻有直径为 8～10mm 的滤水孔，孔距 50mm，三角形排列；滤水管外绕直径为 3mm 的铅丝（圈距 50mm），外包一层尼龙窗纱布，再包滤水材料构成滤水层。

（4）滤水管的布置与埋设

滤水管的平面布置一般采用条形或鱼刺形排列，遇到不规则场地时，应因地制宜地进行滤水管排列设计，保证真空负压快速而均匀地传至场地各个部位。

3. 密封系统

密封系统由密封膜、密封沟和辅助密封措施组成。一般选用聚乙烯或聚氯乙烯薄膜。

加工好的密封膜面积要大于加固场地面积，一般要求每边应大于加固区相应边 2～4m。

为了保证整个预压过程中的密实性，塑料膜一般宜铺设 2～3 层，每层膜铺好后应检查和粘补漏处。膜周边的密封可采用挖沟折铺膜，在地基上颗粒细密、含水量较大、地下水位浅的地区采用平铺膜。

密封沟的截面尺寸应视具体情况而定，密封膜与密封沟内坡密封性好的黏土接触，其长度 a 一般为 1.3～1.5m，密封沟的密封长度 b 应大于 0.8m，其深度 d 也应大于

0.8m，以保证周边密封膜上足够的覆土厚度和压力。

如果密封沟底或两侧有碎石或砂层等渗透性好的夹层存在，应将该夹层挖除干净，回填 400mm 厚的软土。

4. 施工与质量要求

① 膜上覆水一般应在抽气后膜内真空度达 80kPa，确认密封系统不存在问题方可进行，这段时间一般为 7～10d。

② 保持射流箱内满水和低温，射流装置空载情况下均应超过 96kPa。

③ 经常检查各项记录，发现异常现象（如膜内真空度值小于 80kPa 等），应尽快分析原因并采取措施补救。

④ 冬季抽气，应避免过长时间停泵。否则，膜内、外管路会发生冰冻而堵塞，抽气很难进行。

⑤ 下料时，应根据不同季节预留塑料膜伸缩量；热合时，每幅塑料膜的拉力应基本相同。防止形状不正规密封膜的使用，以免不符合设计要求。

⑥ 在气温高的季节，加工完毕的密封膜应堆放在阴凉通风处；堆放时，给塑料膜之间适当撒放滑石粉；堆放的时间不能过长，以防止互相粘连。

⑦ 在铺设滤水管时，滤水管之间要连接牢固，选用合适的滤水层且包裹严实，避免抽气后水进入射流装置。

⑧ 铺膜前，应用砂料把砂井填充密实；密封膜破裂后，可用砂料把井孔填充密实至砂垫层顶面，然后分层把密封膜粘牢，以防止砂井孔处下沉，密封膜破裂。

⑨ 抽气阶段质量要求膜内真空度值大于 80kPa；停止预压时，地基固结度要求大于 80%；预压的沉降稳定标准时间为连续 5d，实测沉降速率不大于 2mm/d。

真空预压效果和密封膜内所能达到的真空度关系极大。当采用合理的施工工艺和设备时，膜内真空度值一般都能维持在 80kPa，可作为最大膜内设计真空度。当建筑物的荷载超过真空预压的压力，且建筑物对地基变形有严格要求时，可采用真空堆载联合预压法，其总压力应超过建筑物的荷载。

2.3.3　堆载真空联合预压施工工艺

堆载真空联合预压法是在真空预压法的基础上发展开来的。该方法利用真空预压法与堆载预压法加固效果可以叠加的特点，将真空预压法与堆载预压法结合在一起同时实施，联合施工，以取得真空预压法和堆载预压法不能达到的效果。它是先对软土地基进行真空预压，当膜下真空度达到设计要求并稳定 1～2 周后，再在薄膜上堆载进行预压。其实质为土体同一时间在薄膜上的堆载与薄膜下的真空荷载联合作用下，加速排出水分，加快固结，从而提高土体强度。设土体本来承受一个大气压 P_0，进行真空预压时，膜下形成真空，其真空度换算成等效压力为 P_1，压差 P_0-P_1 使土体中的水流向砂井。进行堆载预压时，通过压载，土体中的压力增高至 P_2，压差 P_2-P_0 使土体中的水流向砂井。在真空堆载联合作用时，两者的压差为 $P_2-(P_0-P_1)$。压差增大加速了土体中水的排出，减小了土体的孔隙比，提高了密实度，使土体的强度进一步提高，沉降减小。真空堆载联合预压法在深厚软基上可以获得比真空预压法更大的预压荷重，因而在实际工程中的应用极其广泛。

堆载真空联合预压法施工时，除了要按真空预压和堆载预压的要求进行以外，还应注意以下几点：

① 堆载前要采取可靠措施保护密封膜（如铺设土工编织布等），防止堆载时刺破密封膜。

② 堆载底层部分应选颗粒较细且不含硬块状的堆载物，如砂料等。

③ 选择合适的堆载时间和荷重。堆载部分的荷重为设计荷载与真空等效荷载之差。如果堆载部分荷重较小，可一次施加；如果荷重较大，应根据计算分级施加。

堆载时间应根据理论计算确定，现场可根据实测孔隙水压力资料计算当时地基强度值来确定堆载时间和荷重。一般可在膜内真空度值达 80kPa 后 7～10d 开始堆载，若天然地基很软，可在膜内真空度值达到 80kPa 后 20d 开始堆载。

2.3.4 降低地下水位法

降低地下水位法的原理是通过降低地基中的地下水位，使地基中水位下降高度的土体不再受水的浮力作用，因而土体有效自重增加。相当于软土多承受这部分压力而固结，这是一种直接增加土骨架自重应力的方法。降水法常常与堆载法结合使用，既可以减少预压荷载，又可以减少预压时间。

降水法有一定的局限性，它与土层分布和渗透性有很大的关系。此外，各种井点的降水深度也有一定的限度（表 2-2），井点降水的计算可参照有关水文地质学理论进行。但由于实际工程的影响因素很多，仅仅采用经过简化的图式进行计算误差较大，难以求出可靠结果，因此还必须与经验结合起来。

表 2-2 降水深度、土层渗透性、井点类型之间的关系

井点类型	土层渗透系数/（m/d）	降低水位深度/m
单层轻型井点	0.1～50	3～6
多层轻型井点	0.1～50	6～12
喷射井点	0.1～2.0	8～12
电渗井点	＜0.1	根据选用的井点确定
管井井点	0.1～50	3～5
深井井点	0.1～50	＞15

降低地下水位法最适用于砂或砂质土，或在软黏土层上存在砂或砂质土的情况。对于深厚的软黏土层，为加速其固结，需要设置砂井并采用井点法降低地下水位。

降水方法主要有单层轻型井点、多层轻型井点、喷射井点、电渗井点、管井井点和深井井点等。井点法降水，一般是先用高压射水将井管外径为 38～50mm、下端具有长约 1.7m 的滤管沉到所需深度，并将井管顶部用管路与真空泵相连，借真空泵的吸力使地下水位下降，形成漏斗状的水位线。

确定降水的方法取决于地基土类型、透水层位置及厚度、水的补给源、井点布置形状、水位降深、粉粒及黏土的含量等。井管间距视土质而定，一般为 0.8～2.0m，井点可按实际情况进行布置。滤管长度一般取 1～2m，滤孔面积应占滤管表面积的 20%～25%，滤管外包两层滤网及棕皮，以防止滤管被堵塞。

降水 5～6m 时，降水预压荷载可达到 50～60kPa，相当于堆高 3m 左右的砂石料，且相对工程量较小。如果采用多层轻型井点或喷射井点等其他降水方法，则其效果将更为显著。

2.3.5　电渗排水法

电渗排水法的基本原理是在土中插入金属电极并通直流电，由于直流电场的作用，土中的水分从阳极流向阴极，若将水在阴极排除而在阳极不予补充的情况下，土中水被排出，土层固结。

电渗是一种耦合流，是在电位作用下产生的孔隙水流动现象。土体在电场作用下除产生电渗外，还会产生电泳、电渗析和形成次生化合物等电化学反应。L. Casagrande 于 1939 年首先将电渗用于排水和边坡稳定加固，此后该法应用于不同类型的软黏土加固工程。我国于 20 世纪 50 年代末期开始对电渗降水和加固进行试验研究，近年来在软黏土电渗加固方面取得了一定的工程经验。

在饱和粉土或粉质黏土、正常固结黏土以及孔隙水电解浓度低的情况下，应用电渗法，既经济又有效。在工程上，电渗排水法主要用于降低软黏土中的含水量或地下水位，提高土坡或基坑边坡的稳定性，或联合堆载预压法，加速饱和黏土地基的固结沉降等。

2.4　质量检验

排水固结法加固地基施工中，通过现场原型观测资料，分析软基在预压加固过程中和预压后的固结程度、强度增量和沉降的变化规律，评价处理效果。同时观测资料也是完善设计和指导施工的依据，并可完全避免意外工程事故。排水固结法经常进行的监测项目和质量检验有孔隙水压力观测、沉降观测、侧向位移观测、真空度观测、地基上物理力学指标检测等。

2.4.1　现场监测及检验

施工前应检查施工监测措施，沉降、孔隙水压力等原始数据，排水设施，砂井(包括袋装砂井)、塑料排水带等的位置。

1. 现场监测

(1) 孔隙水压力观测。现场观测孔隙水压力时，可根据测点孔隙水压力时间变化曲线，反算土的固结系数，推算该点不同时间的固结度，从而推算强度增长，并确定下一级施加荷载的大小；根据孔隙水压力和荷载的关系曲线可判断该点是否达到屈服状态，因而可用来控制加荷速率，避免加荷过快而造成地基破坏。

目前常用钢弦式孔隙水压力计和双管式孔隙水压力计进行现场观测孔隙水压力。

在堆载预压工程中，一般在场地中央、载物坡顶处及载物坡脚处不同深度处设置孔隙水压力观测仪器，而真空预压工程则只需在场内设置若干个测孔。测孔中测点布置垂直距离为 1～2m，不同土层也应设置测点，测孔的深度应大于待加固地基的深度。

(2) 沉降观测。沉降观测是地基工程最基本最重要的观测项目之一。观测内容包括荷载作用范围内地基的总沉降、荷载外地面沉降或隆起、分层沉降以及沉降速率等。

堆载预压工程的地面沉降标应沿场地对称轴线设置，场地中心、坡顶、坡脚和场外10m范围内均需设置地面沉降标，以掌握整个场地的沉降情况和场地周围地面隆起情况。

真空预压工程地面沉降标应在场内有规律地设置，各沉降标之间距离一般为20～30m，边界内外适当加密。

深层沉降一般用磁环或沉降观测仪在场地中心设置一个测孔，孔中测点位于各上层的顶部。

(3) 水平位移观测。水平位移观测包括边桩水平位移和沿深度的水平位移两部分。它是控制堆载预压加荷速率的重要手段之一。

真空预压的水平位移指向加固场地，不会造成加固地基的破坏。

地表水平位移标一般由木桩或混凝土制成，布置在预压场地的对称轴线上和场地边线不同距离处；深层水平位移则由测斜仪测定，测孔中测点距离为1～2m。

(4) 真空度观测。真空度观测分为真空管内真空度、膜下真空度和真空装置的工作状态。膜下真空度能反映整个场地“加载”的大小和均匀度。膜下真空度测头要求分布均匀，每个测头监控的预压面积为1000～2000m²；抽真空期间一般要求真空管内真空度值大于90kPa，膜下真空度值大于80kPa。

2. 施工过程质量检验

施工过程质量检验应包括以下内容：

① 塑料排水带必须在现场随机抽样送往实验室进行性能指标的测试，其性能指标包括纵向通水量、复合体抗拉强度、滤膜抗拉强度、滤膜渗透系数和等效孔径等。

② 对不同来源的砂井和砂垫层砂料，必须取样进行颗粒分析和渗透性试验。

③ 地基土物理力学指标检测，通过对比加固前后地基土物理力学指标，可更直观地反映出排水固结法加固地基的效果。

2.4.2 竣工质量检验

预压法竣工验收检验应符合下列规定：

① 排水竖井处理深度范围内和竖井底面以下受压土层，经预压所完成的竖向变形和平均固结度应满足设计要求。

② 应对预压的地基土进行原位十字板剪切试验（或静力触探试验）和室内土工试验。

③ 预压处理后的地基，应进行现场荷载试验，每个处理分区试验数量不应少于3点。

第 3 章　强夯法和强夯置换法

强夯法是一种使用重锤自一定高度下落夯击土层使地基迅速固结，从而提高地基承载力的方法，也称动力固结法。利用起吊设备，将 10～25t 的重锤提升到 10～25m 高处使其自由下落，依靠强大的夯击能和冲击波作用夯实土层。强夯法主要用于砂性土、非饱和黏性土与杂填土地基。对非饱和的黏性土地基，一般采用连续夯击或分遍间歇夯击的方法，并根据工程需要通过现场试验，以确定夯实次数和有效夯实深度。现有经验表明：在 100～200t・m 夯实能量下，一般可获得 3～6m 的有效夯实深度。这是在重锤夯实法基础上发展起来的，而其加固机理又与重夯不一样，这是一种地基处理的新方法。

强夯法适用于处理碎石土、砂土、低饱和度的粉土与黏性土、湿陷性黄土、杂填土和素填土等地基。对高饱和度的粉土与黏性土等地基，当采用在夯坑内回填块石、碎石或其他粗颗粒材料进行强夯置换时，应通过现场试验确定其适用性。

强夯置换法是指利用重锤夯击排开软土，向夯坑内回填块石、碎石、砂或其他颗粒材料，最终形成块（碎石）墩，块（碎石）墩与周围混有砂石的夯间土形成复合地基，其承载力和变形模量有较大的提高，而块（碎）石礅中的空隙为软土孔隙水的排出提供了良好的通道。经过强夯置换法处理的地基，既提高了地基强度，又改善了排水条件，有利于软土固结。

3.1　加固机理

3.1.1　强夯法加固机理

关于强夯法加固机理，由于加固土质复杂，至今尚未形成统一完善的理论。

当强夯加固法应用于非饱和土时，压密过程基本上同室内击实试验过程相同；对于饱和无黏性土，其压密过程与爆破和振动压密过程相近；而对饱和软黏土，需要破坏土的结构，产生超静孔隙水压力以及通过裂隙形成排水通道，孔隙水消散，土体才会压密。目前，对于饱和软黏土主要是用 Menard 的动力固结模型来分析土强度增长过程、夯击能量传递机理、孔隙水压力变化机理以及强夯的时效等。综上所述，强夯法加固机理依土性和施工工艺不同分为以下几种：

1. 动力密实

采用强夯加固多孔隙、粗颗粒、非饱和土是基于动力密实的机理，即用冲击型动力荷载，使土体中的孔隙减小，土体变得密实，从而提高地基土强度。非饱和土的夯实过程就是土中的气相（空气）被挤出的过程，其夯实变形主要是由于土颗粒的相对位移引起的。实际工程表明，在冲击动能作用下，地面会立即产生沉降，一般夯击几遍后，其夯坑深度可达0.6～1.0m，夯坑底部形成一层超压密硬壳层，承载力可比夯击前提高2～3倍。黏性土抗压强度可达150～200kPa，施工期沉降可完成最终沉降的70%～80%，工期仅为堆载预压法的1/3。非饱和土在夯击能量≥1000～2000kN·m的作用下主要是产生冲切变形。由于在加固深度范围内气相体积大大减少（最大可减少60%），从而使非饱和土变成饱和土，或者使土体饱和度提高。

湿陷性黄土性质比较特殊，其湿陷是由于其内部架空孔隙多、胶结强度差、遇水微结构强度迅速降低而失稳，造成孔隙崩塌而引起附加沉降。用强夯法处理湿陷性黄土会破坏其结构，使微结构在遇水前崩塌，减少其孔隙。

2. 动力固结

用强夯法处理细颗粒饱和土时，则是借助于动力固结的理论，即巨大的冲击能量在土中产生很大的应力波，破坏了土体原有的结构，使土体局部发生液化并产生许多裂隙，增加了排水通道，使孔隙水顺利逸出，待超孔隙水压力消散后，土体固结。由于软土的触变性，强度得到提高，这就是动力固结。

根据土体中的孔隙水压力、动应力和应变关系，加固区内应力波对土体作用经历了加载阶段—卸载阶段—动力固结三个阶段。在强夯过程中能否产生动力排水固结和触变恢复，不仅与土质有关，而且与夯击能量密不可分，因此对饱和黏性土进行强夯，应通过试夯选择适当的夯击能量，同时又要注意设置排水条件和触变恢复条件，才能使强夯获得良好的加固效果。

3. 动力置换

对于透水性极低的饱和软土，强夯会使土的结构破坏，但难以使孔隙水压力迅速消散，夯坑周围土体隆起，土的体积无明显减小，因而对这种土进行强夯处理效果不佳，甚至会形成橡皮土。对这种土可以先在土中设置砂井等改善土的透水性，然后进行强夯。此时加固机理类似动力固结，也可采用动力置换。

动力置换可分为整式置换和桩式置换。整式置换是采用强夯将碎石整体挤入淤泥中，其作用机理类似于换土垫层；桩式置换是通过强夯将碎石填筑土体中，部分碎石桩（或墩）间隔地夯入软土中，形成桩式（或墩式）的碎石墩（或桩），其作用机理类似于振冲法等形成的碎石桩，它主要是靠碎石内摩擦角和墩间土的侧限来维持桩体的平衡，并与墩间土起复合地基的作用。

4. 强夯法适用范围

强夯法适用于处理碎石土、砂土、低饱和度的粉土与黏性土、湿陷性黄土、素填土和杂填土等地基土。大量工程实例证明，强夯法用于上述地基，一般均能取得较好的效果。对于软土地基，一般来说处理效果不显著。当地下有硬夹层及大的障碍物（如大孤石）时将会影响强夯效果。

强夯法虽然已经在工程中得到广泛应用，但有关强夯机理的研究至今尚未取得满意的结果。目前还没有一套成熟的设计计算方法，因此在强夯设计施工前，应在施工现场有代表性的场地上，选取一个或几个试验区，进行试夯或试验性施工，确定其适用性和处理效果，为设计、施工提供有关参数。一个试验区面积不宜小于20×20m。

对于高饱和度粉土与黏性土，有施工经验时也可采用降水强夯或袋装砂井强夯法。

对采用桩基或刚性桩复合地基的湿陷性黄土地基、可液化地基、填土地基、欠固结地基，可先用强夯法进行地基预处理，消除湿陷或液化等，再进行桩基或刚性桩复合地基施工。

强夯地基处理多用于机场、道路、港口、堆场、储罐、仓储、工厂和建筑工程等工程场地的地基处理。

3.1.2　强夯置换原理

实践证明，强夯法用于加固处理碎石土、砂土、粉土、非饱和的黏性土、湿陷性黄土和人工填土等地基的效果十分明显。但对于软塑、流塑状态的黏性土，以及饱和的淤泥、淤泥质土，由于土颗粒细和其孔隙间饱含的水分不易排出而处理效果不明显，有时还适得其反。为此，国内外专家学者研究出在强夯形成的深坑内填入块石、碎石、砂、钢渣、矿渣、建筑垃圾或其他硬质的粗颗粒材料，采用不断夯击和不断填料的方法使形成一个柱形状的置换体的方法，这就是强夯置换。

强夯置换法加固地基的机理与强夯法是截然不同的。强夯法是通过巨大的夯击能改变被加固土体的本身性质（主要是提高密度），从而改善其工程力学性质，处理后的地基独立发挥地基的持力作用。而强夯置换法是通过夯击和填料形成置换体，使置换体和原地基土构成复合地基来共同承受荷载。其加固机理如图 3-1 所示。

当圆柱体形的重锤自高空落下，接触地面的瞬间夯锤刺入并深陷于土中，此时释放出来的大量能量，对被加固土体产生的作用主要有三个方面：

① 直接位于锤底面下的土，承受到锤底的巨大冲击压力，使土体积压缩并急速地向下推移，在夯坑底面以下形成一个压密体（图 3-1 中（a）区域）其密度大为提高。

② 位于锤体侧边的土，瞬息间受到锤底边缘的巨大冲切力而发生竖向的剪切破坏，形成一个近乎直壁的圆柱形深坑（图 3-1 中（b）区域）。

③ 锤体下落冲压和冲切土体形成夯坑的同时，还产生强烈震动，以三种震波的形式（P 波、S 波、R 波）向土体深处传播，基于震动液化、排水固结和震动挤密等多种机理的联合作用，使置换体周围的土体也得到加固。

张咏梅等（2004）通过一系列室内模型试验及野外原位测试，得出在高饱和度黏性填土上置换体的典型剖面如图 3-2 所示。图中 d 为夯坑的直径；h 为每次置换的夯坑深度；D_p为置换碎（块）石墩体的直径；H_p为置换体的深度；D_c、H_c、s_c分别为置换体下方冠形挤密区的直径、深度和底部厚度。置换体的形状、尺寸与施工工艺有密切关系，具体如下：

① 置换体呈碗底形的圆柱体形，其直径、深度与夯击能量直接相关。要求置换深度大，必须提高夯击能，有效地增加每次的置换深度，并增加置换次数。

② 要求置换体的直径小，深径比大，除了采用小直径夯锤外，还必须提高单击夯击能，有效地增加每一锤的贯入深度。置换体的直径一般为 1.5～1.8 倍锤径，依单击能量的大小、被置换土体和置换材料的性质而定。

③ 置换填料的性质对置换体的形状有很大影响，碎（块）石等粗粒材料的置换效果良好，置换体的轮廓清晰，当被置换土层为饱和的软土时，不适宜用砂、砾、山皮土作置换料。

④ 被置换土体紧紧地被压缩在置换体下方形成一个冠形挤密区。其轮廓范围十分

清晰。

⑤ 置换地面的隆起量可以反映置换的效果和被置换土体的挤密情况。地面隆起量愈大，说明原土被挤密的程度愈差，愈接近于单纯的挤出置换过程。挤出置换过程如图 3-2 所示，置换体下方存在着很宽厚的冠形挤密区，表明置换对原土有很好的挤密加固作用。当被置换土体为不易挤密的饱和软土或原土已经达到不可在挤密的程度时，地面就会发生隆起。

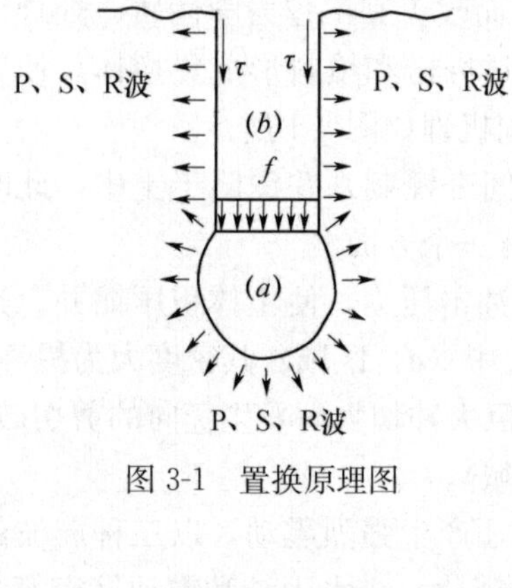

图 3-1　置换原理图

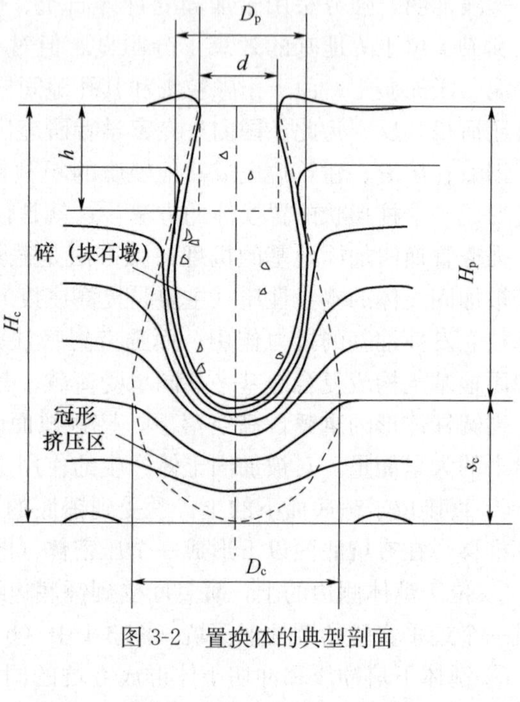

图 3-2　置换体的典型剖面

3.2　设计计算

强夯法已在工程中得到广泛的应用。有关强夯机理的研究，虽然国内外已做了不少工作，但至今未取得满意的结果。其主要原因是各类地基土的性质差别很大，很难建立适用于各类土的强夯加固理论。有必要按不同土类分别研究强夯机理及其相应的设计计算方法。

由于目前强夯法和强夯置换法尚无成熟的设计计算方法，主要设计参数如有效加固深度、夯击能、夯击次数、夯击遍数、间隔时间、夯击点布置和处理范围等都是根据规范或工程经验初步选定，其中有些参数还应通过试夯或试验性施工进行验证，并经必要的修改调整，最后确定适合现场土质条件的设计参数。

3.2.1　强夯法设计

1. 强夯参数的确定

（1）有效加固深度

有效加固深度是经强夯加固后，强度及变形指标等均能满足设计要求的土层深度。

加固深度大小是反映地基处理效果的重要参数，也是选择地基处理方案的重要依据，它取决于土质条件和夯击能量大小及建筑物对地基承载力和变形的要求，一般可依设备条件经现场试夯或当地经验确定。在初步设计时可按公式（3-1）估算；在缺少试验资料和经验时也可根据现行国家标准《湿陷性黄土地区建筑标准》（GB 50025—2018）和现行行业标准《建筑地基处理技术规范》（JGJ 79—2012）的有关规定预估（详见表 3-1）。

$$h=\alpha\sqrt{WH} \tag{3-1}$$

式中　h——强夯地基有效加固深度（m）；

W——锤的质量（t）；

H——夯锤落距（m）；

α——强夯法有效加固深度修正系数。可液化砂土地基可取 0.4～0.5；碎石土地基、填土地基、非饱和黏性土地基，可取 0.35～0.45；湿陷性黄土地基，可取 0.20～0.45。

当条件允许时，也可依设计要求的加固深度选择强夯设备（夯锤及起重机），即依设计要求的有效加固深度，根据表 3-1 或公式（3-1）确定单击夯击能，然后再选择夯锤及起重设备等，并与现场试夯结果校准。总之有效加固深度应依设计要求及土质条件和设备能力综合确定。

表 3-1　强夯法的有效加固深度

单击夯击能（kN·m）	碎石土、砂土等粗颗粒土	粉土、黏性土、湿陷性黄土等细粒土	强夯能级划分（kN·m）
1000 2000 3000	4.0～5.0 5.0～6.0 6.0～7.0	3.0～4.0 4.0～5.0 5.0～6.0	低能级＜4000
4000 5000	7.0～8.0 8.0～8.5	6.0～7.0 7.0～7.5	中等能级 4000～6000
6000 8000	8.5～9.0 9.0～9.5	7.5～8.0 8.0～8.5	高能级 6000～8000
10000 12000	9.5～10.0 10.0～11.0	8.5～9.0 9.0～10.0	超高能级＞8000

实际上影响有效加固深度的因素很多，除了单击夯击能（锤重×落距）、土质以外，还与夯击次数、锤底静压力、地下水位、不同土层厚度和埋藏顺序等有关，所以必须经现场试夯确定。

对特殊土（如可液化土、湿陷性黄土）尚应根据加固目的确定有效加固深度。

（2）夯点击次

夯点击次指单个夯点一次连续夯击次数。夯点的夯击次数是强夯设计中的一个重要参数，与土质有关。夯击次数应通过现场试夯确定，常以夯坑竖向压缩量最大，夯坑周围隆起量最小为确定原则。夯点的夯击次数可按现场试夯得到的夯击次数和夯沉量关系曲线确定，并应同时满足下列条件：

① 最后两击的平均夯沉量宜符合表 3-2 要求，当单击夯击能 E 大于 12000kN·m

时，应通过试验确定。

表 3-2　强夯法最后两击平均夯沉量

单击夯击能 E（kN·m）	最后两击的平均夯沉量不大于（mm）	单击夯击能 E（kN·m）	最后两击的平均夯沉量不大于（mm）
$E<4000$	50	$8000\leqslant E<12000$	200
$4000\leqslant E<6000$	100	$12000\leqslant E<15000$	250
$6000\leqslant E<8000$	150	$E\geqslant 15000$	300

② 有效夯实系数［（夯沉量－隆起量）/夯沉量］不宜小于 0.75；夯坑周围地面不应发生过大的隆起。

③ 不因夯坑过深而发生提锤困难。

④ 一般夯点击次多为 4～10 次。对粗粒土、黄土宜尽量增加夯点击次以减少夯击遍数，而对饱和软黏土，增加夯点击次效果并不好。

（3）夯点间距及布置

夯点间距及布置按地基土类别、结构类型、基底平面形状、荷载大小及要求的处理深度等综合确定。

① 夯点间距：依土质条件及加固深度按当地经验确定，或按单位面积夯击能估算，夯点布置可有一定间隔，一般可取 1.2～2.5 倍锤底直径，低能级宜取小值，高能级及考虑能级组合时宜取大值。

施工时，分 2～4 遍夯实，第 1 遍夯击点间距可取夯锤直径的 2.5～3.5 倍，第 2 遍夯击点位于第 1 遍夯击点之间，以后各遍夯击点间距可适当减小。对处理深度较深，或单击夯击能较大的工程，第一遍夯击点间距宜适当加大。对于透水性较好的砂土等地基可采用点夯连续夯击。

单位面积夯击能（$kN\cdot m/m^2$）反映加固场地夯击能量的大小，与设计要求的处理深度、地基承载力及土质有关，在一般情况下宜按当地经验确定；当无经验时，对粗粒土可取 $1000\sim3000kN\cdot m/m^2$；对黏性土可取 $1500\sim5000kN\cdot m/m^2$。

② 夯点布置：可根据基底平面形状，采用等边三角形、等腰三角形或正方形布置。如大面积加固应采用正方形（图 3-3）或三角形布置；条形基础可成行布置；独立基础可按柱网布置。基础下必须布置夯点。

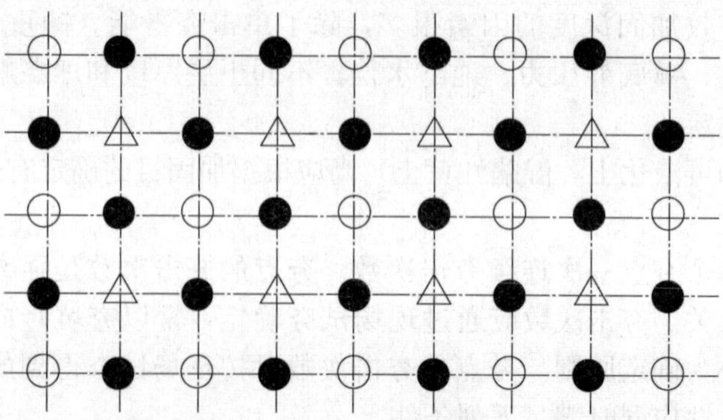

图 3-3　夯点正方形布置示意图

○：第一遍夯点；△：第二遍夯点；●：第三遍夯点

③ 强夯处理范围应大于建筑物的基底面积，每边超出基底外缘宽度宜为基底下设计处理深度的 1/2～2/3，并不应小于 3m；对可液化地基扩大范围不应小于可液化土层厚度的 1/2，并不应小于 5m；对湿陷性黄土，应满足现行国家标准《湿陷性黄土地区建筑标准》(GB 50025—2018) 的有关规定。

(4) 夯击遍数

以一定的连续击数，对整个场地的一批点，完成一个夯击过程叫一遍；点夯的夯击遍数加满夯的夯击遍数为整个场地的夯击遍数。

① 强夯施工应分遍、间隔进行，以利于加固深部土层及孔隙水应力消散。夯击遍数应根据地基土的性质确定，可采用点夯 2～4 遍，对于渗透性较差的细颗粒土，为便于孔隙水应力消散，施工时夯点间距不能太小，必要时夯击遍数可适当增加，以加大施工时夯点间距。最后以低能量满夯 1～2 遍，以加固表面土层，满夯可采用轻锤或低落距锤多次夯击，锤印搭接。

② 两遍夯击之间应有一定的时间间隔，间隔时间取决于土中超静孔隙水压力的消散时间。当缺少实测资料时，可根据地基土的渗透性确定。对于渗透性较差的黏性土地基，间隔时间不应少于 3～4 周；对于渗透性好的地基可连续夯击。

2. 试夯

根据初步确定的强夯参数，提出强夯试验方案，进行现场试夯。应根据不同土质条件待试夯结束一至数周后，对试夯场地进行检测，并与夯前测试数据进行对比，检验强夯效果，确定工程采用的各项强夯参数。试夯面积不宜小于 20m×20m。

3. 强夯加固地基承载力

强夯加固地基承载力特征值应通过现场载荷试验确定，初步设计时也可根据夯后原位测试和土工试验指标按现行国家标准《建筑地基基础设计规范》(GB 50007—2011) 有关规定确定。

4. 沉降计算

强夯地基沉降变形计算应符合现行国家标准《建筑地基基础设计规范》(GB 50007—2011) 有关规定。夯后有效加固深度内土层的压缩模量应通过原位测试或土工试验确定。

3.2.2　强夯置换法设计

强夯法已在工程中得到广泛的应用。有关强夯机理的研究，虽然国内外已做了不少工作，但至今未取得满意的结果。其主要原因是各类地基土的性质差别很大，很难建立适用于各类土的强夯加固理论。有必要按不同土类分别研究强夯机理及其相应的设计计算方法。

由于目前强夯法和强夯置换法尚无成熟的设计计算方法，主要设计参数如有效加固深度、夯击能、夯击次数、夯击遍数、间隔时间、夯击点布置和处理范围等，这些参数都是根据规范或工程经验初步选定，其中有些参数还应通过试夯或试验性施工进行验证，并经必要的修改调整，最后确定适合现场土质条件的设计参数。

1. 强夯置换法的设计内容

强夯置换法最终形成碎石桩（墩）复合地基。强夯置换墩复合地基的设计包括下列主要内容：强夯置换深度；强夯置换处理的范围；墩体材料的选择；夯击能，夯锤参数；夯点的夯击遍数、击数、停锤标准、两遍夯击之间的时间间隔；夯点平面布置形式；强夯置换墩复合地基的变形和承载力要求；周边环境保护措施；现场监测和质量控制措施；施工垫层；检测方法、参数数量等要求。

2. 强夯置换法主要设计参数

（1）强夯置换加固深度

1）强夯置换墩的深度由土质条件决定，深度不宜超过10m，这一深度是根据国内采用夯击能已达1000kN・m提出的，国外有置换深度达到12m，锤质量超过40t的工程实例。除厚层饱和粉土外，置换深度应穿透软土层，到达较硬土层上。

2）对淤泥、泥炭等黏性软弱土层，置换墩应穿透软土层并应着底在较好土层上，因墩底竖向应力较墩间土的应力高，如果墩底仍在软弱土中，则可能因承受不了墩底较高竖向应力而产生较多下沉。

3）对深厚饱和粉土、粉砂，墩身可不穿透该层，基原因为墩下土在施工中密度变大，强度提高有保证，故可允许不穿透该层。

4）墩间的和墩下的粉土或黏性土通过排水与加密，其密度及状态可以改善。由此可知，强夯置换的加固深度由两部分组成，即置换深度和墩下加密范围。墩下加密范围，应通过现场试验确定。

（2）处理范围

由于基础的应力扩散作用，强夯处理范围应大于建筑物的基底面积，具体放大范围可根据建筑结构类型和重要性等因素考虑确定。根据工程经验，对于一般建筑物，每边超出基底外缘宽度宜为基底下设计处理深度的1/2～2/3，并不应小于3m。对可液化地基扩大范围不应小于可液化土层厚度的1/2，并不应小于5m。对独立柱基，当柱基面积不大于夯墩面积时，也可以采用柱下单点夯，一柱一墩。对湿陷性黄土，应满足现行国家标准《湿陷性黄土地区建筑标准》（GB 50025—2018）的有关规定。

（3）墩位布置及间距

① 墩位布置宜采用等边三角形或正方形。对独立基础或条形基础可根据基础形状与宽度相应布置。

② 墩间距应根据荷载大小和原土的承载力选定，当满堂布置时可取夯锤直径的2～3倍；对独立基础或条形基础可取夯锤直径的1.5～2.0倍。

③ 墩的计算直径可取夯锤直径的1.1～1.2倍，宜通过现场试验确定。

④ 当墩间距较大时，应适当提高基础及上部结构刚度，保证基础的刚度与墩间距相匹配，应使基底标高处的置换墩与墩间土下沉一致。

（4）墩体填料要求

① 墩体材料可采用级配良好的块石、碎石、矿渣、建筑垃圾等坚硬颗粒材料，墩体材料级配不良或块石过多、过大均易在墩中留下大孔，在后续墩施工或建筑物使用过程中使墩间土挤入孔隙，下沉增加。因此粒径大于300mm的颗粒含量不宜超过全重的30%，最大粒径不应大于1/3的夯锤直径。有地区经验时，也可在墩体填料中加入少量生石灰吸水挤密。

② 填料夯实要求。按填料量及累计夯击次数控制，可用重型动力触探对桩身密实

度及着底情况进行检测、评价。

（5）夯击参数

① 单击夯击能及有效加固深度。强夯置换法的有效加固深度为墩长及墩底压密土厚度之和，应根据现场试验确定。根据土质条件及设计墩长，单击夯击能也可按表 3-3 选用。

表 3-3　单击夯击能与有效加固深度关系表

主夯击能（kN·m）	饱和粉土、软塑—流塑的黏性土（m）	主夯击能（kN·m）	饱和粉土、软塑—流塑的黏性土（m）
3000	3～4	12000	8～9
6000	5～6	15000	9～10
8000	6～7	18000	10～11

② 夯点击次。夯点的夯击次数应通过现场试夯确定，同时应满足下列条件：

墩底穿透软弱土层，且达到设计墩长；累计夯沉量（指夯点在每一击下夯沉量的总和）为设计墩长的 1.5～2.0 倍，主要是保证夯墩的密实度与着底，实际是充盈系数的概念，此处以长度比代替体积比；最后两击的平均夯沉量可参照强夯法有关规定确定，具体要求见表 3-2。

（6）压实垫层

墩顶应铺设一层厚度不小于 500m 的压实垫层，垫层材料可与墩体材料相同，粒径不宜大于 100mm。

（7）强夯置换复合地基承载力特征值

确定软黏性土中强夯置换墩地基承载力特征值时，可只考虑墩体，不考虑墩间土的作用，其承载力应通过现场单墩载荷试验确定，对饱和粉土地基可按复合地基考虑，其承载力可通过现场单墩复合地基载荷试验确定。强夯置换墩底未达硬持力层时，应验算下卧层承载力。

（8）强夯置换复合地基变形计算

强夯置换地基的变形计算应符合现行国家标准《建筑地基基础设计规范》（GB 50007—2011）的有关规定。

3.3　施工工艺

3.3.1　机具设备

随着强夯技术的不断发展，起重机械也由初期的小型履带式起重机逐步发展到大能量的专用设备。

如何选择强夯起重机械是强夯施工的首要问题。一般遵循的原则是既要满足工程要求，又要降低工程费用。首先从满足工程要求来分析，即根据设计要求达到的地基处理深度来确定单击夯击能，并选择相应的起重机械。

1. 夯锤

夯锤选用是否恰当，对夯击效果的影响较大。目前国内最高的强夯置换夯击能级可达到18000kN·m。

一般根据土的性质选择锤底面积，对于细颗粒土宜选择较大的锤底面积，粗颗粒土宜选较小的锤低面积。但考虑到夯击效果还与锤重有关，所以工程上常用锤底静接地压力来表示造用的夯锤。

强夯置换夯锤应采用圆形夯锤，质量可取10～60t，锤底静接地压力值宜大于80kPa，可取100～300kPa。锤底直径、锤质量应根据设计墩直径、置换墩深度以及起重能力等确定。锤的底面宜设置若干个与顶面贯通的排气孔或侧面设置排气凹槽，以利于夯锤着地时坑底空气迅速排出和起锤时减小坑底的吸力。孔径或槽径可取250～400mm，留孔过小，土团易堵塞而失去作用。施工用夯锤可采用平锤，也可采用柱锤，柱锤接地静压力大，置换深度有保证，常用柱锤直径大多在1.1～1.6m。工程实践表明，并非锤底静压力越大越好，当能级超过8000kN·m时，应适当增大锤底面积，对增加置换墩长度有利。

2. 起重设备

由于履带式起重机重心低，稳定性好，行走方便，多使用起重量为15t、20t、25t、30t、50t、60t、80t、100t等带摩擦离合器的履带式起重机，也可采用专用三角启动架或龙门架做起重设备。当采用自动脱钩装置时，起重能力取质量大于1.5t的锤重；当采用单缆起吊时，起重能力应大于垂重的3～4倍。

3. 脱钩装置

脱钩装置是强夯施工的重要机具，国外采用履带式起重机作为强夯起重机械时，常采用单根钢丝绳提升夯锤，夯锤下落时钢丝绳也随着下落，所以夯击效率较高，当夯锤质量超过15t时，一般要选用起重量超过100t的起重机。而我国常以小吨位起重机吊重锤，这样不得不通过动滑轮组与脱钩装置来起落夯锤。操作时将夯锤挂在脱钩装置上，为便于夯锤脱钩，将系在脱钩装置手柄上的钢丝绳的另一端直接固定在起重机臂杆根部的上横轴上，当夯锤起吊至预定高度时，钢丝绳随即拉紧而使脱钩装置开启，这样既保证了每次夯击的落距相同，又做到自动脱钩，提高了工效。

4. 锚系设备

当用起重机起吊夯锤时，为防止夯锤突然脱钩，使起重臂后倾和减小对臂杆的振动，应用一台T_1－100型推土机在起重机的前方做地锚，在起重机臂杆的顶部与推土机之间用两根钢丝绳连系锚锭。

3.3.2 施工要点

1. 试夯或试验性施工

在使用强夯法或强夯置换法施工前，应根据初步确定的强夯参数，在施工现场有代表性的场地上选取一个或几个试验区进行试夯或试验性施工。并通过测试，检验强夯或强夯置换效果，以便最后确定工程采用的各项参数。

2. 平整场地

预先估计强夯或强夯置换后可能产生的平均地面变形，并以此确定夯前地面高程，然后用推土机平整。同时，应认真查明场地范围内的地下构筑物和各种地下管线的位置及标高等，尽量避开在其上进行强夯施工，否则应根据强夯或强夯置换的影响深度，估计可能产生的危害，必要时应采取措施，以免强夯或强夯置换施工而造成其损坏。

3. 降低地下水位或铺垫层

当场地表土软弱或地下水位高时，宜采用降低地下水位或在表层铺填一定厚度的松散性材料，这样做的目的是在地表形成硬层，可以用以支承起重设备，确保机械设备通行和施工，又可加大地下水和地表面的距离，防止夯击时夯坑积水。

4. 环境影响监测与预防

当强夯法或强夯置换法施工所产生的振动对邻近建筑物或设备产生有害的影响时，应设置监测点，并采取挖隔振沟等隔振或防振措施。

5. 强夯法施工步骤

① 清理并平整施工场地。

② 标出第一遍夯点位置，并测量场地高程。

③ 起重机就位，夯锤置于夯点位置。

④ 测量夯前锤顶高程。

⑤ 将夯锤起吊到预定高度，开启脱钩装置，待夯锤自由下落后，放下吊钩，测量锤顶高程，若发现因坑底倾斜而造成夯锤歪斜时，应及时将坑底整平。

⑥ 重复步骤⑤，按设计规定的夯击次数及控制标准，完成一个夯点的夯击。

⑦ 换夯点，重复步骤③～⑥，完成第一遍全部夯点的夯击。

⑧ 用推土机将夯坑填平，并测量场地高程。

⑨ 在规定的间隔时间后，按上述步骤逐次完成全部夯击遍数，最后用低能量满夯，将场地表层松土夯实，并测量夯后场地高程。

6. 强夯置换法施工步骤

① 清理并平整施工现场。

② 标出夯点位置，并测量场地高程。

③ 起重机就位，夯锤置于夯点位置。

④ 测量夯前锤顶高程。

⑤ 夯击并逐击记录夯坑深度。当夯坑过深而发生起锤困难时停夯，向坑内填料直至与坑顶平，记录填料数量，如此重复直至满足规定的夯击次数及控制标准时完成一个墩体的夯击。当夯点周围软土被挤出影响施工时，可随时清理并在夯点周围铺垫碎石，继续施工。

⑥ 按由内而外，隔行跳打原则完成全部夯点的施工。

⑦ 推平场地，用低能量满夯，将场地表层松土夯实，并测量夯后场地高程。

⑧ 铺设垫层，并分层碾压密实。

7. 施工监测

施工监测对于强夯法和强夯置换法施工来说非常重要，因为施工中所采用的各项参数和施工步骤是否符合设计要求，在施工结束后往往很难进行检查，所以施工过程中应有专人负责监测工作，具体监测内容如下：

① 开夯前应检查夯锤质量和落距，以确保单击夯击能量符合设计要求，因为若夯锤使用过久，往往会因底面磨损而使质量减少，落距未达设计要求的情况，在施工中也常发生，这些都将减少单击夯击能。

② 在每一遍夯击前，应对夯点放线进行复核，夯完后检查夯坑位置，发现偏差或漏夯应及时纠正。

③ 施工过程中应按设计要求检查每个夯点的夯击次数和每击的夯沉量。对强夯置换尚应检查置换深度。

④ 施工过程中应对各项参数和施工情况进行详细记录。

3.4 效果及质量检验

3.4.1 检验要求

1. 检验时间

在强夯施工结束后应间隔一定时间方能对地基质量进行检验。对于碎石土和砂土地基，其间隔时间可取 1～2 周，低饱和度的粉土和黏性土地基可取 2～4 周。

2. 质量检验方法

宜根据土性选用原位测试和室内土工试验。对于一般工程应采用两种或两种以上的方法进行检验；对于重要工程应增加检验项目，也可做现场大压板载荷试验。

3. 质量检验数量

应根据场地复杂程度和建筑物的重要性确定。对于简单场地上的一般建筑物，每个建筑物地基的检验点不应少于 3 处，对于复杂场地或重要建筑物地基应增加检验点数。检验深度应不小于设计处理的深度。

3.4.2 现场试验

1. 触探法包括静力触探和动力触探

（1）静力触探。有单桥探头和双桥探头，用以查明加固后土在水平方向和垂直方向的变化，确定加固后地基土承载力和变形模量。

（2）动力触探。常用的有四种类型，轻型动力触探、重型动力触探、超重型动力触探和标准贯入试验。其适用范围为：

轻型动力触探：用于贯入深度小于 4m 的一般黏性土和黏性素填土。

重型动力触探：用于砂土和碎石土。

超重型动力触探：用于加固后密实的碎石或埋深较大、厚度较大的碎石土。

标准贯入试验：用于砂土、粉土和黏性土，并用以检验加固后液化消除情况。

2. 载荷试验

适用于测定地基土的承载力和变形特性。

3. 旁压试验

有预钻式旁压试验和自钻式旁压试验。预钻式适用于可塑以上的黏性土、粉土、中密以上的砂土、碎石土；自钻式适用于黏性土、粉土、砂土和饱和软土。

4. 十字板剪切试验

对于不易取得原状土样的饱和黏性土可用十字板剪切试验以求得试验深度处的不排水抗剪强度。

5. 波速法试验

主要用于测定加固后土的动力参数，以及通过加固前后波速对比出加固效果。

3.4.3 室内试验

1. 黏性土

天然重度、天然含水量、密度、液塑限、压缩试验和抗剪强度试验。对黄土应做湿陷性试验、检验加固后湿陷性消除情况。

2. 砂土

颗粒分析、天然重度、天然含水量及密度试验。

3. 碎石土

在现场进行大体积的容重试验、颗粒分析，对含黏性土较多的碎石土可进行室内黏性土的天然含水量测定和可塑性试验。

3.4.4 强夯置换工程质量检验

为保证强夯置换工程质量，在强夯置换施工完成后应进行必要的抽样检测。常见的检测项目主要为强夯置换碎（块）石墩体形和深度、强夯置换碎（块）石墩承载力，以及强夯置换复合地基的承载力和变形模量等。

1. 体形和深度检测

目前强夯置换碎（块）石墩的体形和深度常用检测方法主要有开挖、钻孔、重型动力触探、探地雷达和瑞利波法等。开挖检验比较直观、结果可靠，但费用高、实施难度较大，对一般工程应用较少，仅在重大型工程中采用。由于一般工程地质钻机难以在强夯置换碎（块）石墩体上成孔，所以钻孔法检测一般采用斜钻的方法探求墩体的外形。目前虽常采用探地雷达和瑞利波检测置换碎（块）石墩的体形和深度，但这毕竟属于一种间接的检验方法，存在一定的误差，运用时需与其他方法进行比较。

2. 承载力检测

强夯置换碎（块）石墩承载力检测常采用载荷试验的方法，载荷试验的承压板采用与墩顶面积相同的圆形压板。

3. 复合地基承载力和变形模量检测

目前强夯置换复合地基的承载力检测常用复合地基载荷试验或采用单墩和墩间土分别进行载荷试验的方法，对于墩间土还有采用其他的多种原位测试和钻孔取样土工分析以及瑞利波检测方法。

由于强夯置换碎（块）石墩直径较大，单墩所控制的加固面积较大，因此强夯置换复合地基的承载力检验常采用单墩复合地基载荷试验。

强夯置换复合地基变形模量采用复合地基载荷试验的结果进行计算。

第4章 振 冲 法

振冲法分振冲密实法和振冲置换法两种。振冲法又称振动水冲法，是以起重机吊起振冲器，启动潜水电机带动偏心块，使振动器产生高频振动；同时，启动水泵，通过喷嘴喷射高压水流，在边振边冲的共同作用下将振动器沉到土中的预定深度，在振动作用下土被挤压密实。

振冲密实法适用于砂性土以及粒径小于 0.005mm 的黏粒含量低于 10%的黏性土，利用振冲器使松砂振密和挤密，消除液化或提高抗液化能力，提高承载力，减少沉降。振冲置换法适用于黏性土地基，即利用一个产生水平向振动的管状设备在高压水流下边振边冲，在软弱黏性土地基中成孔，再在孔内分批填入碎石、砂砾等坚硬材料制成桩体，置换部分地基土，构成复合地基，使承载力提高，沉降减少。

振冲法加固地基技术施工设备少、工艺简单、质量可靠、加固费用低廉、施工方便、工期短、经济效益良好。

4.1 振冲法加固原理

4.1.1 振冲密实加固原理

振冲密实加固砂层的原理简单来说就是依靠振冲器的强力振动使饱和砂层发生液化，砂颗粒重新排列，孔隙减少，砂层密实。所以这一方法称为振冲密实法。

在振冲器的重复水平振动和侧向挤压作用下，砂土的结构逐渐破坏，孔隙水压力迅速增大。由于结构破坏，土体向低势能位置转移，这样土体由松变密。可是当孔隙水压力达到最大主应力数值时，土体开始变为流体。土体在流体状态时，土颗粒时常连接，这种连接又时常被破坏，因此土体变密的可能性将大大减少。研究指出，振动加速度达 $0.5g$（g 为重力加速度）时，砂土结构开始破坏；达到 $1.0\sim1.5g$ 时，土体变为流体状态；超过 $3.0g$，砂体发生剪胀，此时砂体不但不变密，反而由密变松。

实测资料表明，振动加速度随离振冲器距离的增大呈指数型衰减。从振冲器侧壁向外根据加速度大小可以顺次划分为紧靠侧壁的流态区，然后是过渡区和挤密区，挤密区外是无挤密效果的弹性区。只有过渡区和挤密区才有显著的挤密效果。过渡区和挤密区的大小不仅取决于砂土的性质（诸如起始相对密度、颗粒大小、形状和级配、土粒密度、地应力、渗透系数等），还取决于振冲器的性能（诸如振动力、振动频率、振幅、振动历时等）。例如，由于饱和度能降低砂土的抗剪强度，水冲不仅有助于振冲器在砂层中贯入，还能扩大挤密区。

一般来说，振动力越强，影响距离就越大。但是过大的振动力，扩大的多半是流态区而不是挤密区，因此挤密效果不一定成比例增加。在振冲器一般常用的频率范围内，频率越高，产生的流态区越大，所以，高频振冲器虽然容易在砂层中贯入，但振密效果并不理想。砂体颗粒越细，越容易产生宽广的流态区，因此对粉土或含粉粒较多的粉质砂，振冲挤密的效果较差。缩小流态区的有效措施是向流态区灌入粗砂、砾或碎石等粗粒料。

4.1.2　振冲置换加固原理

振冲置换也是利用振冲器在地基土中振密成孔，应用物理力学性质较好的岩土材料置换天然地基中的部分软弱土体或不良土体，形成复合地基，以达到提高地基承载力、减小沉降目的的一类地基处理方法。

振冲置换法适用于不排水抗剪强度为 15～50kPa 的软黏土。对于软弱黏性土，应慎重采用，当然在砂土中也能制造碎石桩，但此时挤密作用的重要性远大于置换作用。

碎石桩复合地基的主要用途是提高地基的承载力，减少地基的沉降量和差异沉降量。

碎石桩还可用来提高土坡的抗滑稳定性，或提高土体的抗剪强度。

振冲置换施工后孔隙减少，孔洞明显变小或消失，颗粒变细，级配变佳，并且新形成的孔隙条有明显的规律性和方向性，土的结构趋于致密，稳定性增大，桩体在一定程度上也有类似砂井的排水作用。因此，复合地基中的桩体有应力集中和砂井排水两重作用，且复合土层还起垫层的作用。振冲置换桩用来提高土坡的抗滑能力时，桩体的作用可像一般抗滑桩那样提高土体的抗剪强度，迫使滑动面向远离坡面并向深处转移。

作用于桩顶的荷载如果足够大，桩体可能发生破坏。可能出现的桩体破坏形式有 3 种，即鼓出破坏、刺入破坏和剪切破坏。当桩长大于临界长度（约为桩直径的 4 倍）时就不会发生刺入破坏；基础底面不太小或者桩周围的土面上有足够大的边载时便不会发生剪切破坏。由于组成桩体的材料是无黏性的，桩体大多数发生鼓出破坏，但桩体本身强度随深度增加而增大，故随深度增大产生塑性鼓出可能性较小，且由于桩间土抵抗桩体鼓出的阻力随深度增加而增大，在桩的上端部位最易产生鼓出破坏。一般情况下，深度为两个桩径范围内的径向位移比较大，深度超过 2～3 个桩径，径向位移几乎可以忽略不计。所以，现有的设计理论都以鼓出破坏形式为基础。

4.2　设计计算

采用振冲法加固地基，设计内容包括施工方法的选用，振冲处理深度（桩长）、桩径、复合地基置换率、加固范围、桩位（孔位）布置形式和间距、挤密标准的确定、地基沉降计算以及质量检验方法选用等。

振冲置换加固设计目前还处在半理论半经验状态，对重要工程或复杂的土质情况，必须在现场进行制桩试验，并根据现场实验取得的资料修改设计，制订施工要求。

4.2.1　振冲处理范围

振冲处理范围应根据建筑物的重要性和场地条件确定。当用于多层建筑和高层建筑时，宜在基础外缘扩大 1～2 排桩；当要求消除地基液化时，在基础外缘扩大宽度不应小于基底下可液化土层厚度的 1/2，并不应小于 5m。

4.2.2 桩长、桩径和间距确定

桩长指桩在垫层底面以下的实际长度，当相对硬层的埋藏深度不大时，宜按相对硬层埋深确定，将桩伸至相对硬层，当软弱土层厚度很大，相对硬层埋深较深时，按建筑物地基变形允许值确定桩长；在可液化地基中，桩长应按要求的抗震处理深度确定。桩长不宜小于 4m。

振冲桩的直径与地基土的强度有关，强度越低，桩的直径越大。桩的平均直径可按每根桩所用填料量计算。

振冲桩的间距应根据上部结构荷载大小、砂土颗粒组成、密实要求和场地土层情况，并结合所采用的振冲器功率大小综合考虑。30kW 振冲器布桩间距可采用 1.3～2.0m；55kW 振冲器布桩间距可采用 1.4～2.5m；75kW 振冲器布桩间距可采用 1.5～3.0m。荷载大或对黏性土宜采用较小的间距；荷载小或对砂土宜采用较大的间距；砂的粒径越细，密实要求越高，则间距应越小。

4.2.3 桩位布置

桩位布置，对大面积满堂处理，宜用等边三角形布置；对单独基础或条形基础等小面积加固，宜用正方形、矩形或等腰三角形布置（图 4-1）。

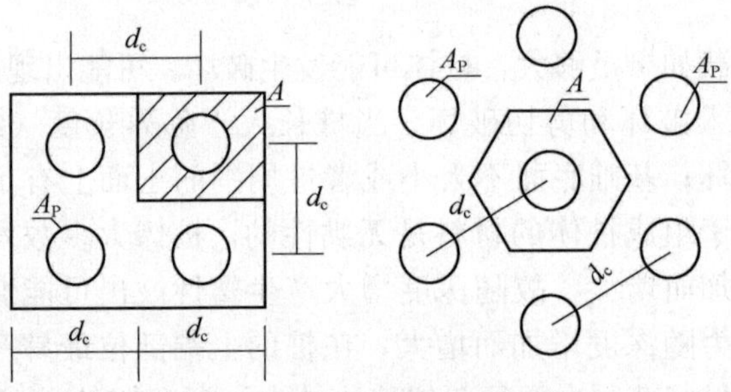

图 4-1 振冲法桩位布置

振冲孔位的间距视砂土的颗粒组成、密实要求、振冲器功率而定。振冲桩中心间距的确定应考虑荷载大小、原土的抗剪强度。荷载大，间距应小；原土强度低，间距亦应小。特别在深厚软基上打不到相对硬层的短桩，桩的间距应更小，一般间距为 1.5～2.5m。

4.2.4 桩体材料

桩体材料可以就地取材，对于级配没有特别要求，但含泥量不宜太大。桩体材料一般可用含泥量不大于 5%的碎石、卵石、含石砾砂、矿粒、碎砖、矿渣或其他性能稳定的硬质材料，不宜使用风化易碎的石料。桩体材料的容许最大粒径与振冲器的外径和功率有关，常用的填料粒径为：20～80mm（30kW 振冲器）、30～100mm（55kW 振冲器）、40～150mm（75kW 振冲器）。

4.2.5　垫层

在桩顶和基础之间宜铺设一层 300～500mm 厚的碎石垫层，垫层应分层铺设，并用平板振动器振实。

4.2.6　振动影响

用振冲法加固地基时，由振冲器在土中振动产生的振动波向四周传播，对周围的建筑物，特别是不太牢固的陈旧建筑物可能造成振害。为此，在设计中应该考虑施工的安全距离或者事先采取适当的防振隔振措施。

4.2.7　振冲桩复合地基承载力特征值计算

振冲桩复合地基承载力特征值应通过现场复合地基荷载试验确定，初步设计时也可按下式估算：

$$f_{spk}=mf_{pk}+（1-m）f_{sk}（其中：m=\frac{d^2}{d_e^2}） \tag{4-1}$$

式中　f_{spk}——振冲桩复合地基承载力特征值（kPa）；

f_{pk}——桩体承载力特征值（kPa），宜通过单桩荷载试验确定；

f_{sk}——处理后桩间土承载力特征值（kPa），宜按当地经验取值，如无经验时，可取天然地基承载力特征值；

m——振冲法复合地基桩土面积置换率；

d——桩身平均直径（m）；

d_e——复合地基中一根桩分担的处理地基面积的等效圆直径，对于等边三角形布桩 $d_e=1.05s$，对于正方形布桩 $d_e=1.13s$，对于矩形布桩 $d_e=1.13\sqrt{s_1 s_2}$；s、s_1、s_2 分别为桩间距、纵向间距和横向间距。

对小型工程的黏性土地基如无现场荷载试验资料，初步设计时复合地基的承载力特征值也可按下式估算：

$$f_{spk}=[1+m(n-1)]f_{sk} \tag{4-2}$$

式中　n——桩土应力比，无实测资料时，对黏性土可取 2～4，对粉土和砂土可取 1.5～3，原土强度低取大值，原土强度高取小值。

4.2.8　振冲桩复合地基沉降变形计算

振冲处理地基的沉降变形计算可采用分层总和法计算，且应符合现行国家标准《建筑地基基础设计规范》（GB 50007—2011）的有关规定。复合土层的压缩模量可按下式计算：

$$E_{sp}=[1+m(n-1)]E_s \tag{4-3}$$

或者

$$E_{sp}=mE_p+(1-m)E_s \tag{4-4}$$

式中　E_{sp}——复合土层压缩模量（MPa）；

E_s——桩间土压缩模量（MPa），宜按当地经验取值，如无经验时，可取天然地基压缩模量；

E_p——桩体的压缩模量（MPa）。

4.2.9 不加填料振冲加密复合地基

不加填料振冲加密宜在初步设计阶段进行现场工艺试验，确定不加填料振密的可能性、孔距、振密电流值、振冲水压力、振后砂层的物理力学指标等。一般情况下，用30kW振冲器振密深度不宜超过7m，75kW振冲器不宜超过15m。不加填料振冲加密孔距可为2～3m，宜用等边三角形布孔。

不加填料振冲加密地基承载力特征值应通过现场荷载试验确定，初步设计时也可根据加密后原位测试指标按现行国家标准《建筑地基基础设计规范》（GB 50007—2011）的有关规定确定。

不加填料振冲加密地基变形计算应符合现行国家标准《建筑地基基础设计规范》（GB 50007—2011）有关规定，加密深度内土层的压缩模量应通过原位测试确定。

4.3 施工工艺

振冲施工可根据设计荷载的大小、原土强度的高低、设计桩长等条件选用不同功率的振冲器。施工前应在现场进行试验，以确定水压、振密电流和留振时间等各种施工参数。

4.3.1 施工机具

主要机具是振冲器、操作振冲器的吊机和水泵。振冲器的原理是利用电机旋转组偏心块产生一定频率和振幅的水平向振力。

压力水通过空心竖轴从振冲器下端喷口喷出。振冲器样式和型号按功率可分为30型、55型、75型、100型、130型，可更换偏心块的振冲器，有双向振冲器、可调振冲器，都经过工程检验，且均取得良好效果。其中最常用的为30型。30型的潜水电机功率为30kW，转速1450r/min，额定电流约60A，振幅4.2mm，最大水平向振力60kN，外壳直径351mm，长2150mm，总重9.4kN。针对振冲成桩质量监控问题，我国的研发人员做了大量的工作，如赵志刚等的研究主要涉及振冲桩自动监控系统的研究，该系统主要由工控机、电流传感器、压力传感器、流量传感器数据采集卡、稳压电源和打印机组成。

升降振冲器的机械设备可用起重机、履带吊、汽车吊、自行井架式施工平车、抗扭胶管式专用汽车或其他合适的设备等。施工设备应配有电流、电压和留振时间自动信号仪表。采用出口水压200～600kPa，流量20～30m^3/h的水泵。每台振冲器各配一台水泵，数台振冲器同时施工也可集中供水。

4.3.2 振冲法施工步骤

振冲法施工可按下列步骤进行：

① 清理平整施工场地，布置桩位。

② 施工机具就位，使振冲器对准桩位。

③ 启动供水泵和振冲器，水压可用 200～600kPa，水量可用 200～400L/min，将振冲器徐徐沉入土中，造孔速度宜为 0.5～2.0m/min，直至达到设计深度。记录振冲器经各深度的水压、电流和留振时间。

④ 造孔后边提升振冲器边冲水直至孔口，再放至孔底，重复 2～3 次扩大孔径并使孔内泥浆变稀，开始填料制桩。

⑤ 大功率振冲器投料可不提出孔口，小功率振冲器下料困难时，可将振冲器提出孔口填料，每次填料厚度不宜大于 0.5m。

将振冲器沉入填料中进行振密制桩，当电流达到规定的密实电流值和规定的留振时间后，将振冲器提升 0.3～0.5m。上提速度慢，加密效果好，但过慢的速度会给吊车起吊带来困难，或产生振冲器被周围土体抱住的情况。填料不断填入、振冲器不断上提的过程就是砂性土地基和填碎石料本身加密的过程，这个过程的好坏是施工加固效果好坏的关键。

⑥ 重复以上步骤，自下而上逐段制作桩体直至孔口，记录各段深度的填料量、最终电流值和留振时间，并均应符合设计规定。

⑦ 关闭振冲器和水泵。

振冲法连续填料施工过程示意图如图 4-2 所示。

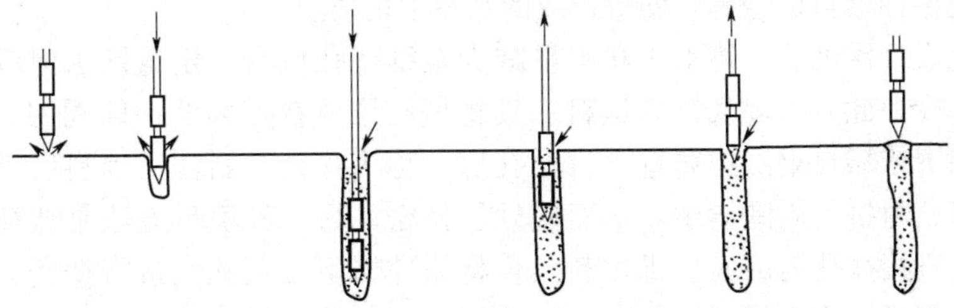

(a) 定位　(b) 成孔　(c) 底部开始填料　(d) 振动制桩　(e) 振动制桩　(f) 完毕

图 4-2　振冲法连续填料施工过程示意图

4.3.3　施工注意事项

① 施工现场应事先开设泥水排放系统，或组织好运浆车辆将泥浆运至预先安排的存放地点，应尽可能设置沉淀池，重复使用上部清水。

② 桩体施工完毕后应将顶部预留的松散桩体挖除，如无预留应将松散桩头压实，随后铺设并压实垫层。

③ 不加填料振冲加密宜采用大功率振冲器，为了避免造孔中塌砂将振冲器抱住，下沉速度宜快，造孔速度宜为 8～10m/min，到达深度后将射水量减至最小，留振至密实电流达到规定时，上提 0.5m，逐段振密直至孔口。一般振密时间约为 1m/min，在粗砂中施工如下沉困难，可在振冲器两侧增焊辅助水管，加大造孔水量，但造孔水压宜小。

④ 振密孔施工顺序宜沿直线逐点逐行进行。

4.3.4 试验测试

现场试验的目的一方面是确定正式施工时采用的施工参数，如振冲孔间距、造孔制桩时间、控制电流值，填料量等；另一方面是摸清处理效果，为加固设计提供可靠依据，土层常常不是均匀的，砂层中时常分布有范围不同、厚度不等的黏性土或淤泥质土夹层，在这些软土夹层处极易发生缩孔卡料现象。在粉细砂层中有时夹有厚层粗砂，这经常引起造孔困难，以上这些问题只有通过现场试验才能找到对策。

在试验中很重要的两个问题是选择控制电流值和确定振冲孔间距。对大面积振冲施工的情况，应尽可能采用较高的控制电流值和较大的间距以减少孔数，加速施工进度。规定了控制电流值后，进行不同间距的振冲挤密试验，测定各方案的加密效果，再从加密效果均满足设计要求的方案中选出最佳的间距。

4.3.5 振密工艺

对粉细砂地基易采用加填料的振密工艺，对中、粗砂地基可用不加填料就地振密的方法。在粉细砂层中振冲，造孔时水压和水量不必很大，水压一般采用400～600kPa，供水量一般采用200～400L/min，一般控制造孔速率为1～2m/min，从而使孔周砂土有足够的振密时间。在施工过程中应根据具体情况及时调节水压和水量。此外，务必使振冲器自由悬垂，使得造成的孔尽可能垂直。

孔底达设计深度后，将水压和水量减少至维持孔口有一定量回水但没有大量细颗粒带走的程度，此时用装载机等运料工具将填料堆放在振冲器护筒周围。填料在水平振动力作用下依靠自重沿护筒壁下沉至孔底，称为连续下料法。填料后借振冲器的水平振动力将填料挤入周围土中，从而使砂层挤密。另一种填料方法是造孔后将振冲器提出孔口，直接往孔内倒入一批填料，再将振冲器下降至孔底进行振密，如此反复进行直至全孔完成，称为间断下料法。连续下料法制成的桩体的密实度较均匀，间断下料法的施工速度较快。

在中、粗砂层中振冲，可以用不加填料就地振密的工艺，即利用中、粗砂的自行塌陷代替外加填料，适用于振密人工回填或吹填的大片砂层，振密厚度一次可达十几米，其工效远胜于其他（如夯实或碾压）方法。使用这种方法，振密水下回填料，已成为一种新的筑坝工艺。

在中、粗砂层振密施工中，经常遇到的困难是振冲器不易贯入。可采取如下两个措施，克服振冲器不易贯入中粗砂层的困难，一个是加大水量，另一个是加快造孔速度。

施工中应严格控制质量，不漏孔、不漏振，确保加固效果。如在施工中发生底部漏振或电流未能达到控制值从而造成质量事故的情况，在施工后很难采取补救措施，这是因为上部砂层已经振密，再用振冲补孔就会十分困难。

检查振冲施工各项施工记录，如有遗漏或不符合规定要求的桩或振冲点，应补做或采取有效的补救措施。

4.3.6　施工顺序

振冲施工顺序一般采用“由里向外”或“由一边推向另一边”（图 4-3（a）和（b））的方式，这样有利于挤走部分软土。对抗剪强度很低的软黏土地基，为减少制桩时对原土的扰动，宜用间隔跳打的方式施工（图 4-3（c））。当加固区毗邻其他建筑物时，为减少对建筑物的振动影响，宜按图 4-3（d）所示的顺序进行施工。

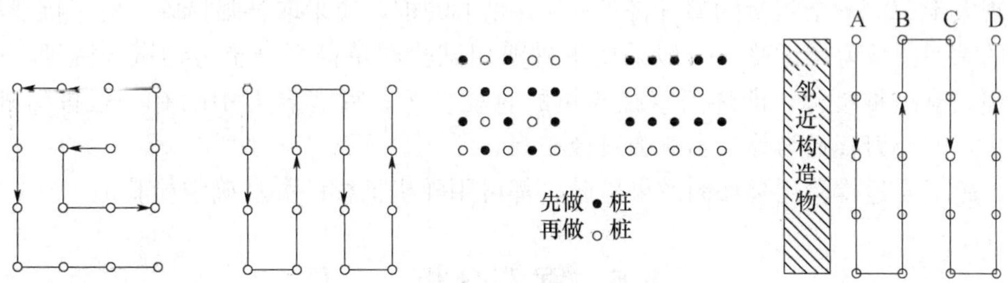

(a) 由里向外方式　(b) 由一边推向另一边方式　(c) 间隔跳打方式　(d) 减少对邻近建筑物影响的施工顺序

图 4-3　桩的施工顺序

4.4　效果及质量检验

振冲施工结束后，除砂土地基外，应间隔一定时间后方可进行质量检验。对粉质黏土地基间隔时间可取 21～28d，对粉土地基可取 14～21d。

振冲处理后的地基竣工验收时，承载力检验应采用复合地基荷载试验。复合地基荷载试验检验数量不应少于总桩数的 0.5%，且每个单体工程不应少于 3 点。

4.4.1　振冲挤密质量与效果的检验

对不加填料振冲加密处理的砂土地基，竣工验收承载力检验应采用标准贯入、动力触探、荷载试验或其他合适的试验方法。检验点应选择在有代表性或地基土质较差的地段，并位于振冲点围成的单元形心处及振冲点中心处。检验数量可为振冲点数量的 1%，总数不应少于 5 点。

通常采用现场开挖取样，直接测定和计算挤密后砂层的容重、孔隙比、相对密度等指标。也可用标准贯入试验、动力触探试验或旁压试验间接推求砂层的密实程度。对比振前振后的测试成果资料，明确处理效果。必要时也可用荷载试验检验砂土地基在挤密后的容许承载力。

4.4.2　振冲置换质量与效果的检验

检验的内容有两方面：一是检查桩体质量是否符合规定，即施工质量检验；二是在桩体质量符合规定的情况下，验证复合地基的力学性能是否全部满足设计要求，如容许承载力、沉降量、差异沉降量、抗剪强度指标等是否达到规定值，即加固效果检验。

振冲桩常用的施工质量检验方法可采用静力荷载试验和动力触探试验，常用的荷载试验方法有单桩荷载试验、单桩复合地基荷载试验和多桩复合地基大型荷载试验。

单桩荷载试验的检验数量为桩数的0.5%，且不少于3根。对碎石桩体检验可用重型动力触探进行随机检验。对桩间土的检验可在处理深度内用标准贯入、静力触探等进行检验。

动力触探检验桩的密实程度，规定连续出现下沉量大于70mm的桩长达0.5m，或间断出现大于70mm下沉量的累计桩长在1m以上的桩，应采取补强措施。对于抗滑稳定问题的大型原位剪切试验，一般采用单桩剪切试验和单桩复合土剪切试验两种。前者环刀中只有一根桩体，即环刀直径与桩的直径相等；后者环刀中除有一根桩体外，还有原土，即环刀直径与等效影响圆直径相等。

无论施工质量检验还是加固效果检验，都可用随机抽样的办法确定检验桩。

4.5 案例分析

4.5.1 工程概况

某水利枢纽工程地段地面平坦。工程区地层岩性较简单，主要为第四系冲积层和燕山四期花岗岩及燕山二期二长花岗岩。第四系冲积层层底高程为5.66～28.43m，厚度一般为10～15m，自上而下依次为冲积黏土、粉质黏土、细—中粗砂、含砾中粗砂和砂卵砾石层。坝址河床第四系冲积砂、砂砾卵石层厚度为15～18m，自上到下分为2-1、2-2、2-3、2-4层，2-2层为粉细砂，松散状，标准贯入击数一般为3～10击；2-3层为含砾中粗砂，松散稍密状，标准贯入击数为5～25击；2-4层为砂砾卵石层，中密—密实状。

根据设计文件，2-2、2-3层地基密实度稍差，水闸、引航道基础不宜直接采用天然地基。为减少地基沉降变形量，提高地基承载力，水闸、引航道基础范围采用振冲置换及振冲密实处理，处理深度穿越2-2、2-3层进入2-4砂卵石层或全风化层。

工程先后施工了试验桩、上游引航道、上游导航墩、消力池段、闸室段振冲桩，共计完成振冲桩2000根，总进尺18791.28m。其中，振冲砂桩983根，进尺8583.45m；振冲碎石桩1017根，进尺10207.83m。

4.5.2 设计要求

（1）填料粒径20～80mm。

（2）振冲孔深穿过2-3层进入2-4层或全风化层1m。

（3）桩中心与设计值偏差不大于50mm。

（4）桩身应保持连续和垂直，垂直度偏差不大于1.5%。

（5）桩顶碎石垫层采用振动碾压实。

（6）闸坝段振冲碎石桩复合地基允许承载力不小于0.3MPa，消力池振冲砂桩复合地基允许承载力不小于0.2MPa。

（7）闸坝段基础部分振冲桩桩间土的重Ⅱ型动力触探平均击数不小于12击，消力池、上游引航道部分振冲桩桩间土的重Ⅱ型动力触探平均击数不小于 10 击。

4.5.3　振冲试验桩

工程前期为了取得真实、可靠、可以指导实际施工的数据，保证达到设计和有关规范要求，选择标高与图纸施工平台开挖线相同，且能代表整体实际施工地质情况的一期基坑闸坝消力池振冲施工区进行试验。试验先期采用 55kW 振冲器试振，由于贯入深度有限，先后换用 75kW、125kW 振冲器试验均未达到设计要求，最终试验选用 150kW 液压式振冲器，达到设计要求处理深度。试验桩共设 4 组，每组 14 根，其中碎石桩 2 组，桩间距 2.5m，等边三角形布置；砂桩 2 组，桩间距 3.0m，等边三角形布置。通过对 4 组试验桩的试验施工及质量监测，得到以下结论：

（1）采用穿透能力很强的液压 HD225 型 150kW 振冲器，能达到设计要求的处理深度，能有效减少抱卡现象。

（2）对大面积挤密处理，用等边三角形布置可以得到较好的挤密效果。

（3）碎石桩布桩间距 2.5m，等边三角形布置；砂桩布桩间距 3.0m，等边三角形布置，能够满足设计的质量及进度要求。

4.5.4　振冲桩施工

1. 振冲桩施工流程

施工准备→测量放样布桩→对桩→造孔→填料逐段加密成桩→单桩成桩。

2. 振冲桩施工工艺

振冲桩按等边三角形布置，碎石桩间距 2.5m，砂桩间距 3.0m，桩径 800mm。振冲施工采用跳打法，以减少先后造孔施工的影响，易于保证桩体的垂直度。

清理场地，接通电源、水源。施工机具就位，起吊振冲器对准桩位，使喷水口对准桩孔位置，偏差小于 50mm。先开启压力水泵，待振冲器末端出水口喷水后再启动振冲器，振冲器运行正常时开始造孔，使振冲器徐徐贯入，直至设计深度。

造孔过程中振冲器应处于悬垂状态。发现桩孔偏斜应立即纠正，防止振冲器偏离贯入方向。造孔速度和能力取决于地基土质和振冲器类型及水冲压力等，应保证工作面满灌含水作业，即应保证单桩作业顶面有一定水量。本工程地质成分以中粗砂层为主，贯入较为困难。造孔速度较慢的地层应根据现场贯入速度适当调整造孔油压，使振冲器有效贯入设计要求深度。制桩时应连续施工，不得中途停止，以免影响制桩质量。加密从孔底开始，逐段向上，中间不得漏振。当达到规定的加密油压和留振时间后，将振冲器上提，继续进行下一段加密，每段加密长度应符合施工参数要求。

4.5.5　施工中的难点及处理措施

本工程振冲施工涉及的地层贯穿难度大，且施工过程中较易发生抱卡的情况，影响施工工效和质量。经现场试验，采用穿透能力很强的液压 HD225 型 150kW 振冲器，能有效减少抱卡现象的发生；施工中当出现抱卡导杆的迹象时，及时停止下放振冲器，让振冲器停留在原深度，加大水压预冲一段时间，然后缓慢下放振冲器，在该地段附近多次上下提拉振冲器，防止卡孔，实现穿透。在施工中以加密油压为主导控制参数，留振时间等作为辅助控制参数。为保证桩头质量，加密至桩头时，在桩头顶面堆填高1.0m左右的填料并减小水压，振冲器反复振捣；当造孔较为顺利时，要保证工作面饱水作业。现场施工时，尽管采取了一些措施来解决贯穿难度的问题，但还是出现了以下一些问题：

(1) 施工中共有14根桩没有打到预定的深度，桩长为3.0～5.6m。分析原因有以下几种情况：此区域存在一硬层，密度较高，使振冲器难以穿透；遇到难穿透的部位，在穿透过程中耗时越长，其结果对周边土层的挤密作用增大，致使土层强度越来越高，并且砂层坍落，"抱死"振冲器；在振冲桩施工过程中，振冲器的振动力必然对周边未施工振冲桩的土层形成振密效果。

(2) 闸室段施工时有局部地段未能穿透，有74根振冲碎石桩桩长4～7m。经过重Ⅱ型动力触探击数较低，平均8击左右。虽然该处是闸室段的一个薄弱环节，但在该区域进行载荷试验后，结果表明承载力达到设计要求，故该区域不需进一步采取处理措施。

4.5.6 质量检测

为了准确判断振冲处理效果，在工程施工的同时，采取重Ⅱ型动力触探进行跟踪检测，共检测振冲桩间土32根、桩体5根、天然土9根。其中，闸室段桩间土检测18根，平均击数为12～18击；消力池检测14根，平均击数为10～16，满足设计要求。

由本次重Ⅱ型动力触探自检可知，施工区域天然土差异较大、强弱不均、地层复杂；经过振冲处理后，桩间土平均击数满足设计要求，而且差异性明显减小，桩体连续且密实度很好。另一方面，重Ⅱ型动力触探自检数据显示，消力池0～3m的重Ⅱ型动力触探击数相对较差（满足设计要求），分析其原因如下：由于上部没有上覆层施加压力，在地面以下一定范围内的振冲加密效果要比下部差，出现这种情况是不可避免的；施工使用的液压150kW型振冲器，设备在地层中穿透能力非常强，但在桩体上部加密过程中效果不明显，部分薄弱部位采取振动碾分层压实的方法进行处理。

4.5.7 总结

通过对某水利枢纽工程上游引航道、上游导航墩、消力池段、闸室段振冲桩、桩间土、天然土的质量检测以及对成果资料的分析，可以得出如下结论：

(1) 根据重Ⅱ型动力触探自检，桩体重Ⅱ型动力触探击数满足设计要求。

(2) 在闸室段振冲碎石桩施工区域（垂直于河流的桩号为闸0+739.561～闸0+724.561，闸室上游6.15～闸室下游16.50所围范围）附近，有部分桩桩长为4.7m，由于该局部地段无法穿透，下部未能有效处理，但该部位静载压板试验效果还是能达到设计要求，可以满足工程使用要求。

第 5 章　复合地基加固法

5.1　复合地基基本理论

复合地基是指天然地基在地基处理过程中部分土体得到加强或被置换，或在天然地基中设置加筋材料。加固区是由基体（天然地基土体或被改良的天然地基土体）和增强体两部分组成的人工地基。在荷载作用下，基体和增强体共同承担荷载。根据地基中增强体方向又可分为水平向增强体复合地基和竖向增强体复合地基（桩体复合地基）。竖向增强体复合地基通常由桩（增强体）、桩间土（基体）和褥垫层组成。

5.1.1　桩体复合地基分类

桩体复合地基可以根据其增强体的不同特性进行如下分类：

（1）按增强体材料：分为散体材料（砂石、矿渣、渣土等）、石灰、灰土、水泥土、混凝土及土工合成材料等。

（2）按增强体黏结性：分为无黏结性（散体材料）和黏结性两大类，其中黏结性的又可根据黏结性的大小分为低黏结强度（石灰、灰土等）、中等黏结强度（水泥土）、高黏结强度（混凝土、CFG 桩等）。

（3）按增强体相对刚度：分为柔性（如石灰、灰土）、半刚性（水泥土）、刚性（混凝土、CFG 桩等）。

5.1.2　褥垫层

复合地基通常由桩、桩间土和褥垫层组成，其特点是在荷截下桩和桩间土协调变形，桩间土始终处于受力状态，桩和桩间土共同承担荷载。

对于散体材料桩，由于其受荷后产生鼓胀、变形，能保证桩和桩间土共同受力，因此可不设褥垫层；对于刚性桩及半刚性桩，为保证桩、土能够共同作用，应设置褥垫层。

1. 刚性基础下复合地基褥垫层的作用

（1）具有应力扩散作用，减少基础底面的应力集中。

（2）调整桩、土垂直荷载和水平荷载的分担比例，如对于 CFG 桩而言，褥垫层越厚，桩所承担的垂直和水平荷载占总荷载的百分比越小。

（3）排水固结作用。砂石垫层具有较好的透水性，可以起到水平排水的作用，有利于施工后土层加快固结，土的抗剪强度增长。

（4）保证桩间土受力。对于刚性桩和半刚性桩，桩体变形模量远大于土的变形模量，设置褥垫层可以通过流动补偿和桩的上刺入量来调整基底压力分布，使荷载通过垫层传到桩和桩间土上，保证桩间土承载力的发挥，并可改善桩体上端受力状态。

(5) 整平增密。对于散体材料桩，桩顶往往密实度较差，设置褥垫层可整平增密，改善桩顶受力状况及施工条件。

2. 褥垫层设置要求

为了充分发挥褥垫层的上述作用，工程中要保证合理的褥垫层厚度。厚度太小，桩间土承载力不能充分发挥，桩对基础将产生显著的应力集中，导致基础加厚，造成经济上的浪费；厚度太大，会导致桩土应力比减小，桩承担荷载减小，增强体的作用不明显，复合地基承载力提高不明显，建筑物变形也大，所以要确定合理的、最佳的褥垫层厚度。根据工程经验，常用褥垫层厚度为200～300mm，垫层材料以砂石料为主，应夯压密实，其夯填度（夯实厚度与虚铺厚度比值）不应大于0.90。柔性基础（如路堤）复合地基，应设置刚度大的垫层，如土工格栅加筋垫层。为防止褥垫层侧向挤出，基础底面两侧褥垫尺寸应适当加宽，每边超出基础外边缘的宽度宜为200～300mm。当混凝土基础下复合地基桩上相对刚度较小或桩体强度足够时，也可不设褥垫层，如石灰桩复合地基。

5.1.3 复合地基加固机理

复合地基中桩间土的性状不同、桩体材料不同、成桩工艺不同，复合地基的加固机理也不相同。了解复合地基的加固机理，对认识复合地基、选择合理的处理方法和施工工艺都是很重要的。各种桩型复合地基的加固机理主要有以下方面：

1. 置换作用（桩体效应）

复合地基中桩体的强度和模量比桩间土大，在荷载作用下，桩顶应力比桩间土表面应力大，桩可将承受的荷载向较深的土层中传递并相应减少桩间土承担的荷载。这样，由于桩的作用使复合地基承载力提高、变形减小，工程中称之为置换作用或桩体效应。

工程实践表明，复合地基置换作用的大小，主要取决于桩体材料的组成。高黏结强度桩的置换作用最大，散体桩的置换作用最小。黏结强度桩，特别是高黏结强度桩，加大桩长可使复合地基置换作用明显提高；而散体桩增加桩的长度，对复合地基置换作用影响不大。

2. 垫层作用

桩与桩间土复合形成的复合地基，在加固深度范围内形成复合层，它可起到类似垫层的换土、均匀地基应力和增大应力扩散角等作用，在桩体没有贯穿整个软弱土层的地基中，垫层的作用尤其明显。

3. 挤密、振密作用

对松散填土、松散粉细砂、粉土，采用非排土和振动成桩工艺，可使桩间土孔隙比减小、密实度增加，提高桩间土的强度和模量。如振冲碎石桩、振动沉管挤密砂石桩、振动沉管CFG桩、柱锤冲扩桩等，对上述类型的土具有挤密、振密效果。处于地下水位以上的素填土、湿陷性黄土等地基采用灰土或土挤密桩法加固时，其成孔过程中对桩间土的横向挤密作用是非常显著的。

此外，如石灰桩，即使采用了排土成桩工艺，由于生石灰吸水膨胀，也会使桩间土局部产生挤密作用。桩间土挤密、振密是使复合地基承载力提高的一个组成部分。

需要指出的是，对饱和软黏土、坚硬的黏性土、密实砂土、粉土等密实坚硬土层，振动成桩工艺不仅不能使桩间土挤密、振密，反而会使土体结构强度减少、孔隙比增大、密实度减小、承载力降低。

4. 排水作用

很多复合地基中的桩体具有良好的透水性，例如碎石桩、砂桩是良好的排水通道。由生石灰和粉煤灰组成的石灰桩也具有良好的透水性，其渗透系数相当于粉细砂的量级。振动沉管CFG桩在桩体初凝以前也具有相当大的渗透性，可使振动产生的超孔隙水压力通过桩体得以迅速消散。

桩体的排水作用有利于孔隙水压力消散、有效应力增长，使桩间土强度和复合地基承载力提高，并可减少地基沉降稳定的时间。

5. 减载作用

对排土成桩工艺，用轻质材料取代原土成桩，在加固土层范围内，复合土层的有效重度将比原土有明显的降低，这就是复合地基的减载作用。

例如，石灰桩复合地基，生石灰干密度为0.8g/cm^{3}左右、粉煤灰干密度为0.6～0.8g/cm^3，饱和重度一般为14kN/m^{3}左右，比天然土体重度小30%左右。当置换率为25%时，1m厚的复合土体自重压力将减少1.5kPa。若桩长按5m计，桩端部自重压力将减小7.5kPa，显然这种减载作用对减小建筑物的沉降是有益的。

6. 桩对土的约束作用

在群桩复合地基中，桩对桩间土具有阻止土体侧向变形的作用。相同荷载水平条件下，无侧向约束时土的侧向变形大，从而使垂直变形加大；由于桩对土体侧向变形的限制，减少了侧向变形，也就减小了垂直变形，使复合地基抵抗垂直变形的能力有所加强。

7. 物理化学反应

石灰桩、水泥土桩和灰土桩中的石灰、水泥等具有吸水、发热、膨胀作用，除对桩间土产生挤密效果外，还可以减小桩间土的含水量，渗入土孔隙中的水泥、石灰还与土发生化学反应，从而改善桩间土的性状，提高桩间土的强度。

8. 加筋作用

在复合地基的整体稳定分析中，增强体具有加筋作用，使复合地基的抗剪强度比天然地基有较大提高。

5.1.4 增强体复合地基破坏模式

竖向增强体复合地基和水平向增强体复合地基破坏模式是不同的，下面简介竖向增强体复合地基的破坏模式。

对竖向增强体复合地基而言，刚性基础下和柔性基础下的破坏模式也有区别。

竖向增强体复合地基的破坏模式可以分成下述两种情况：一种是桩间土首先被破坏，进而发生复合地基全面破坏；另一种是桩体首先被破坏，进而发生复合地基全面破坏。

在实际工程中，桩间土和桩体同时达到破坏是很难遇到的。大多数情况下，刚性基础桩体复合地基都是桩体先被破坏，继而引起复合地基全面破坏，而柔性基础下则土会先被破坏。

竖向增强体复合地基中桩体破坏的模式可以分成下述 4 种形式：刺入破坏、鼓胀破坏、桩体剪切破坏和滑动剪切破坏，如图 5-1 所示。

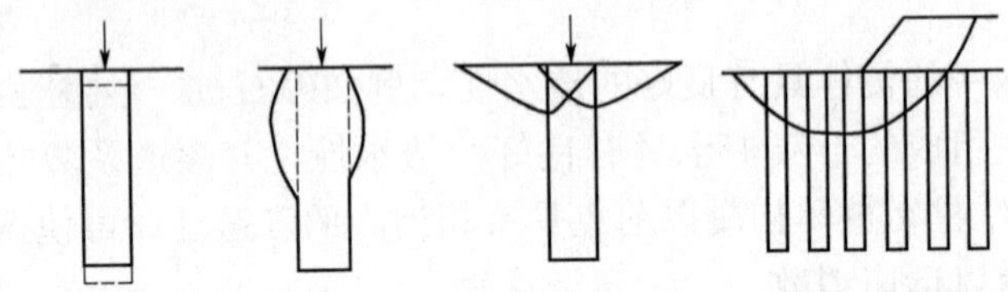

(a)刺入破坏　(b)鼓胀破坏　(c)桩体剪切破坏　(d)滑动剪切破坏

图 5-1　竖向增强体复合地基破坏模式

1. 刺入破坏［图 5-1（a）］

在桩体刚度较大、地基土承载力较低的情况下较易发生桩体刺入破坏。桩体发生刺入破坏，承担荷载大幅度降低，进而引起复合地基桩间土破坏，造成复合地基全面破坏。刚性桩复合地基较易发生刺入破坏模式，特别是柔性基础下（填土路堤下）刚性桩复合地基更容易发生刺入破坏模式。若处在刚性基础下，则可能产生较大沉降，造成复合地基失效。

2. 鼓胀破坏［图 5-1（b）］

在荷载作用下，桩周土不能提供桩体足够的围压，使桩体发生过大的侧向变形，产生桩体鼓胀破坏，桩体发生鼓胀破坏造成复合地基全面破坏。散体材料桩复合地基较易发生鼓胀破坏模式。在刚性基础下和柔性基础下散体材料桩复合地基均可能发生桩体鼓胀破坏。

3. 桩体剪切破坏［图 5-1（c）］

在荷载作用下，复合地基中桩体发生剪切破坏，进而引起复合地基全面破坏。低强度的半刚性桩及柔性桩较容易产生桩体剪切破坏。

刚性基础下和柔性基础下低强度的半刚性桩及柔性桩复合地基均可产生桩体剪切破坏，其比柔性基础下发生的可能性更大。

4. 滑动剪切破坏［图 5-1（d）］

在荷载作用下，复合地基沿某一滑动面可产生滑动破坏。在滑动面上，桩体和桩间土均发生剪切破坏。各种复合地基均可能发生滑动剪切破坏模式，柔性基础下比刚性基础下发生的可能性更大。

复合地基破坏模式与桩体材料、刚度、桩间土性质及基础形式、加载方式等因素有关，应进行综合分析判断。刚性基础下复合地基失效主要不是地基失稳而是沉降过大或不均匀沉降造成的。路堤或堆场下复合地基失效时首先要重视地基稳定性问题，然后是变形问题。

根据试验研究及理论分析，基础刚度对复合地基破坏模式有一定影响，同比条件下刚性基础复合地基比柔性基础复合地基承载力大、变形小。

5.1.5　复合地基设计

1. 复合地基设计基本要求

（1）在进行复合地基设计前，应获得场地的工程地质和环境条件等有关资料，具备上部结构及基础设计等方面的资料。

（2）根据上部结构对地基处理的要求、工程地质和水文地质条件、工期、地区经验和环境保护要求等，提出技术上可行的复合地基方案，经过技术经济比较，选用合理的复合地基形式。

（3）刚性基础下的复合地基设计应进行承载力和沉降计算，填土路堤和堆场等柔性基础下的复合地基除应进行承载力和沉降计算外，还应进行稳定分析。对位于坡地、岸边的复合地基均应进行稳定分析。

（4）复合地基承载力特征值应通过现场复合地基载荷试验确定，或采用增强体载荷试验结果和其周边土的承载力特征值结合经验确定。

（5）刚性基础下的复合地基宜设置 100～500mm 厚砂石褥垫层。填土路堤和堆场等柔性基础下的复合地基应设置刚度较大的垫层，如土工格栅加筋垫层、灰土垫层等。

（6）复合地基中桩体质量验收应符合现行国家标准《建筑地基基础工程施工质量验收标准》（GB 50202—2018）的规定。对散体材料复合地基增强体应进行密实度试验；对有黏结强度复合地基增强体应进行强度及桩身完整性检验。这是对复合地基施工后增强体的检验要求。增强体质量是保证复合地基工作、提高地基承载力、减少变形的必要条件，其施工质量必须得到保证。

（7）复合地基承载力的验收检验应采用复合地基载荷试验，对有黏结强度的复合地基增强体（水泥土桩及混凝土桩等）还应进行单桩静载荷试验。

上述规定是对复合地基承载力设计和工程验收的检验要求。确定复合地基承载力一般采用复合地基静载荷试验的方法。

2. 复合地基涉及的主要参数

（1）桩土面积置换率。复合地基中桩体的横断面积与其所分担的地基处理面积之比，称为桩土面积置换率，用 m 表示。

$$m=\frac{A_p}{A_e}=\frac{d^2}{d_e^2} \tag{5-1}$$

式中　A_p——桩的横断面积（m^2）；

A_e——一根桩所分担的地基处理面积（m^2）；

d——桩的直径（mm）；

d_e——一根桩所分担的地基处理面积的等效圆的直径（mm）。

（2）桩土应力比。桩土应力比是指复合地基加固区上表面上桩体竖向应力和桩间土竖向应力之比，用 n 表示，即：

$$n=\frac{\sigma_p}{\sigma_s} \tag{5-2}$$

式中　σ_p——桩体竖向应力；

σ_s——桩间土竖向应力。

桩土应力比是反映复合地基中桩体与桩间土协同工作的重要指标，关系到复合地基承载力和变形的计算，桩土应力比对某些桩型（例如碎石桩）也是复合地基的设计参数。但在复合地基设计中将桩土应力比作为设计参数较难把握。

桩土应力比的影响因素如下：

① 荷载水平。荷载作用初期，荷载通过褥垫层比较均匀地传递到桩和桩间土上，随着桩和桩间土变形的发展，桩间土应力逐渐向桩上集中。荷载逐渐增大，复合地基变形也逐渐增大，桩上应力加剧，桩土应力比随之增大；随着荷载继续增大，桩体首先进入塑性状态，桩体变形加大，桩上应力就会逐渐向桩间土上转移，桩土应力比反而减小，直到桩和桩间土共同进入塑性状态，复合地基趋向破坏。

② 桩土模量比。随着桩土模量比 E_p/E_s 值的增大，桩土应力比 n 近于成线性地增长。

③ 桩长。对黏结性桩，桩土应力比 n 随桩长的增加而增大，但当桩长达到有效桩长后，n 值不再增大。

④ 桩土面积置换率。桩土应力比 n 随置换率 m 的减小而增大。

⑤ 原地基土强度。地基土的强度大小直接影响桩体的强度和刚度，因此，即使对于同一类桩，不同的地基土也将会有不同的桩土应力比。原地基土的强度低，其桩土应力比就大，而原地基土强度高，桩土应力比就小。

⑥ 褥垫层设置。设置褥垫层会对桩土应力比 n 值产生影响。一般设置褥垫层后，n 值减小。

⑦ 荷载作用时间。随着荷载作用时间的增长，桩间土会产生固结和蠕变，荷载会向桩体集中，桩土应力比会增大。

3. 复合地基模量

复合地基加固区是由增强体和基体两部分组成的，是非均质的。有时为了简化计算，在复合地基计算中，将加固区视作一均质的复合土体，用假想的等价均质复合土体代替真实的非均质复合土体。与真实非均质复合土体等价的均质复合土体的模量称为复合地基模量。复合地基模量在数值上等于某一应力水平时复合土体在完全侧限条件下竖向附加应力 σ_{sp} 与竖向应变 ε_{sp} 的比值，即

$$E_{sp}=\frac{\sigma_{sp}}{\varepsilon_{sp}} \tag{5-3}$$

式中 E_{sp}——复合地基模量；

σ_{sp}——侧限条件下竖向附加应力；

ε_{sp}——侧限条件下竖向应变。

复合地基模量可由复合地基载荷试验结果确定，也可由沉降观测结果推算，还可通过公式进行计算。

4. 桩及桩间土荷载分配

假定复合地基中，总荷载为 P，桩体承担的荷载为 P_p，桩间土承受的荷载为 P_s，则桩体承担的荷载占总荷载的百分比 δ_p 为

$$\delta_p=\frac{P_p}{P} \tag{5-4}$$

桩间土承担的荷载占总荷载的百分比 δ_s 为

$$\delta_s = \frac{P_s}{P} \tag{5-5}$$

式中　δ_p——桩体承担的荷载占总荷载的百分比；

δ_s——桩间土承担的荷载占总荷载的百分比；

P——复合地基承担的总荷载；

P_p——桩体承担的荷载；

P_s——桩间土承受的荷载。

5. 复合地基承载力

复合地基承载力由两部分组成，即桩的承载力和桩间土的承载力。合理估计两者对复合地基承载力的贡献是桩体复合地基承载力计算的关键。

桩体复合地基中，散体材料桩、柔性桩、半刚性桩和刚性桩荷载传递机理是不同的。同时，基础刚度大小、是否铺设垫层、垫层厚度等因素对复合地基的受力性状也有较大影响。

复合地基承载力特征值应通过现场复合地基载荷试验确定。初步设计时也可采用根据单桩承载力特征值和处理后桩间土承载力特征值，用简化公式估算。

（1）黏结强度桩复合地基承载力特征值可按式（5-6）估算：

$$f_{spk} = \lambda m f_{pk} + \beta (1-m) f_{sk} \tag{5-6}$$

对于散体材料桩复合地基，可取 $\lambda=1.0$，$\beta=1.0$，设 $\frac{f_{pk}}{f_{sk}}=n$，则散体材料桩复合地基承载力特征值也可按式（5-7）计算：

$$f_{spk} = [1+m(n-1)] f_{sk} \tag{5-7}$$

式中　f_{spk}——复合地基承载力特征值（kPa）；

f_{pk}——桩体承载力特征值（kPa），宜通过单桩荷载试验确定；

f_{sk}——处理后桩间土承载力特征值（kPa），宜按当地经验取值，如无经验时，可取天然地基承载力特征值；

m——复合地基桩土面积置换率；

β——桩间土承载力发挥系数，宜按当地经验取值；

n——桩土应力比，无实测资料时，对黏性土可取 2～4，对粉土和砂土可取 1.5～3，原土强度低取大值，原土强度高取小值；

λ——桩身承载力发挥系数，宜按当地经验取值。

（2）单桩承载力特征值 R_a 可按式（5-8）计算：

$$R_a = u_p \sum_{i=1}^{n} q_{si} l_{pi} + \alpha_p q_p A_p \tag{5-8}$$

式中　R_a——单桩竖向承载力特征值（kN）；

u_p——桩的周长（m）；

n——桩长范围内所划分的土层数；

q_{si}、q_p——桩周第 i 层土的侧阻力、桩端端阻力特征值（kPa），可按现行国家标准《建筑地基基础设计规范》（GB 50007—2011）的有关规定确定；

l_{pi}——桩长范围内第 i 层土的厚度（m）；

A_p——桩的截面积（m^2）；

α_p——桩端阻力折减系数，宜按当地经验取值。

按照式（5-8）计算单桩承载力，尚需要对桩身强度进行验算，公式如下：

$$f_{cu} \geqslant \frac{R_a}{\eta A_p} \tag{5-9}$$

或取

$$R_a = \eta \cdot f_{cu} \cdot A_p \tag{5-10}$$

单桩竖向承载力特征值取式（5-8）、式（5-10）中较小值。

5.2 土桩、灰土桩挤密法

5.2.1 加固原理

1. 挤密法的作用

（1）挤密作用。通过挤密作用可提高桩间（周）地基土的密实度。

欠密实的地基土孔隙率大、压缩性高、承载力低、抗剪强度低、湿陷性高，经沉管冲击、夯扩、爆扩等方法挤密以后，地基土的孔隙率减少、密实度增大、压缩性降低、承载力提高、抗剪强度增大、湿陷性降低或消除。

挤密土与重塑土不同，它形成了以桩孔为中心的环状竖向节理结构，仅将原地基土呈环状水平向挤紧，一定程度地保存了地基土的原状结构，如原始凝聚力和部分固化凝聚力，挤密土比同密度重塑土的力学性能要好。为此，桩间（周）挤密土的密实度指标通常采用挤密系数 η_c 来衡量，而不是采用压实系数 λ_c。

单桩孔周围的环形挤密影响有效半径一般为 1.5D（D 为桩孔直径）。桩孔边的地基土密度将接近相应含水量的最大干密度，随着桩边距离的增加，呈衰减趋势。

两桩之间，桩边的密实度最大，可达到相应含水量的最大干密度；而中点的密实度最小，其干密度接近于挤密地基桩间挤密土的平均干密度。

三桩间，以形心点的干密度为最小，在正常设计中，当桩间挤密土的平均挤密系数 $\bar{\eta}_c = 0.93$ 时，三桩间的最小平均挤密系数 $\bar{\eta}_c$ 一般可达 0.80～0.88。

（2）通过对地基土的挤密，可提高地基土的隔水性。挤密地基的防水、隔水性能要好于同密度、同厚度、同宽度的垫层。

为了防止水的渗透以及下卧未处理土层浸水，需要整片处理的挤密地基具有良好的隔水防渗性能，能使下卧未处理的湿陷性土层不发生浸水湿陷，即不致发生剩余的湿陷量。

欠密实的粉土、黏性土、素填土和湿陷性黄土，其渗透系数量级一般为 10^{-2}～10^{-4}cm/s，浸水渗透很快，渗水速度可达每昼夜几十厘米至几米，这样的地基会很快发生工程事故。地基土被挤密处理后，渗透系数量级可达 10^{-6}～10^{-8}cm/s，防水隔水性能明显增强，使其成为不透水或弱透水地基土。当地基土的渗透系数量级达到 10^{-7}cm/s 时，即可保证建（构）筑物在 50 年的正常使用期间内，下卧层的未处理土层不会自上而下浸水，这对于湿陷性黄土来说尤为重要。

（3）通过对桩孔填料进行选择与夯实，使挤密地基得到进一步加强。桩孔填料的选择与夯填与设计意图和工程需要有关，大致可分为两种：一种与桩孔间挤密土的性能要求相同，强调地基的整体挤密作用；另一种则要求桩孔填料具有较高的强度，强调桩体对桩间土的加强复合作用。另外，前者一般采用与地基土相同的素土作为孔内填料；后者一般采用灰土、水泥土等作为孔内填料。

2. 挤密法的适用范围

挤密法一般适用于下列范围内的地基土：

（1）地下水位以上。

（2）饱和度 $S_r \leqslant 65\%$，含水量 $w \leqslant 24\%$。

（3）欠密实的粉土、粉质黏土、素填土、杂填土和湿陷性黄土等。

（4）目前处理土层厚度一般为 5～15m；在工艺、机具设备改进的基础上，处理深度仍有可能增大。

当地基土的含水量略低于最优含水量（指击实试验结果）时，挤密的效果最好；当含水量过大或过小时，挤密效果则不好。

当地基土的含水量 $w \geqslant 24\%$、饱和度 $S_r \geqslant 65\%$时，一般不宜直接选用挤密法。但当工程需要时，在采取了必要的有效措施之后，如对孔周围的土进行有效“吸湿”和加强孔填料强度，也可采用挤密法对地基进行处理。

对于含水量 $w < 10\%$的地基土，尤其是在整个处理深度范围内的含水量普遍很低时，一般宜采取增湿措施，以达到提高挤密法的处理效果。

挤密法的处理深度一般与施工条件、施工方法、挤密方式、设备条件等因素有关。处理深度在 15m 之内的，仍可采用挤密法，但从合理性来讲一般采用强（重）夯、垫层等则更为简便。超过 15m 的处理厚度，从挤密机理来讲依然可以采用挤密法。但问题在于两点：一是施工条件现状，处理深度超过 15m 时，由于机械比较庞大，施工速度缓慢、工效较差、工程费用相对较高，从客观条件出发，一般不宜将挤密法推广到外围厚度达 15m 以上的地基（但对于预钻孔夯扩挤密，一旦预钻孔钻机在钻孔深度加深的情况下，既能做到钻进速度快又可使不接钻杆或自潜式冲击挤密设备得到实现，则挤密法的处理深度还会增大）；二是在处理深度要求进一步增大时，设计是否还应多考虑几种地基基础方案，如对大厚度自重湿陷性黄土场地，可考虑先采用预浸水法消除工程场地的自重湿陷性，再采用垫层、强夯、挤密法进行浅层处理，以消除地基的湿陷性，另外，改用桩基也是可以考虑的方案之一。

在特定条件下，对于欠密实的砂土、圆（角）砾等，也可考虑采用挤密法，以提高其密实度与承载力等。

5.2.2　设计计算

1. 桩的布置

灰土（或土）挤密桩处理地基的面积应大于基础或建筑物底层平面的面积，并应符合下列规定：

（1）当采用局部处理时，超出基础底面的宽度：对非自重湿陷性黄土、素填土和杂填土等地基，每边不应小于基底宽度的 1/4，并不应小于 0.5m；对自重湿陷性黄土地基，每边不应小于基底宽度的 3/4，并不应小于 1m。

（2）当采用整片处理时，超出建筑物外墙基础底面外缘的宽度，每边不宜小于处理土层厚度的 1/2，并不应小于 2m。

2. 桩孔直径

桩孔直径宜为 300~450mm，具体可根据所选用的成孔设备或成孔方法确定。若桩径过小，则桩数增多，从而增加了成孔和回填的工作量；若桩径过大，则对桩间土挤密不够，不能完全消除黄土的湿陷性，同时还对成孔机械能量要求较大，不易达到设备基本条件。此外，过大的桩孔也会影响挤密后的均匀性。

3. 桩距设计

灰土挤密桩的挤密效果与桩距有关，而桩距的确定又与土的原始干密度和孔隙比有关。灰土（或土）挤密桩在挤密成孔时，桩孔位置原有土体被强制侧向挤压，使桩周一定范围内的土层密实度提高。单桩试验结果表明，其挤密影响半径通常为桩孔直径的 2 倍左右。群桩试验表明，在相邻桩孔挤密范围的交界区域内，挤密影响相互叠加，桩间土中心部位的密实度逐渐增大，且桩间土的密度变得较为均匀，桩距越近，其叠加效果就越显著。桩间距的设计，应保证桩间土的平均压实系数及最小压实系数能够达到《湿陷性黄土地区建筑标准》（GB 50025—2018）等有关标准规定的指标，满足消除黄土的湿陷性和其他力学指标的要求。合理的相邻桩孔中心距为桩孔直径的 2～3 倍。

桩距的设计一般应通过试验和计算来确定。桩距设计的目的在于使桩间土挤密后达到一定的平均密实度（平均压实系数），并使最小密实度等一系列指标不低于设计和国家规范要求的标准。

桩孔宜按等边三角形布置，桩孔的中心距可为桩孔直径的 2.0～2.5 倍，也可按式（5-11）估算：

$$s=0.95\sqrt{\frac{\bar{\eta}_c\rho_{dmax}}{\bar{\eta}\rho_{dmax}-\bar{\rho}_d}} \tag{5-11}$$

式中 s——桩孔的中心距（m）；

ρ_{dmax}——桩间土的最大干密度（t/m³）；

$\bar{\rho}_d$——地基处理前土的平均干密度（t/m³）；

$\bar{\eta}_c$——桩间土经成孔挤密后的平均挤密系数，对重要工程不宜小于 0.93，对一般工程不应小于 0.90。$\bar{\eta}_c$ 应按式（5-12）计算：

$$\bar{\eta}_c=\frac{\bar{\rho}_{dl}}{\rho_{dmax}} \tag{5-12}$$

式中 $\bar{\rho}_{dl}$——在成孔挤密深度内，桩间土的平均干密度（t/m³），平均试样数不应少于 6 组。

桩孔的数量可按式（5-13）估算：

$$n=\frac{A}{A_e} \tag{5-13}$$

式中 n——桩孔的数量，（桩）；

A——拟处理地基的面积（m²）；

A_e——一根灰土（或土）挤密桩所承担的处理地基面积（m²），可按式（5-14）计算

$$A_e=\frac{\pi d_e^2}{4} \tag{5-14}$$

式中 d_e——一根桩分担的处理地基面积的等效圆直径（m），确定方法为：若桩孔按等边三角形布置，则 $d_e=1.05s$；若桩孔按正方形布置，则 $d_e=1.13s$。

4. 桩长的确定

灰土（或土）挤密桩的桩孔深度，即处理地基的深度，应根据建筑场地的土质情况、工程要求和成孔及夯实设备等综合因素来确定。

灰土（或土）挤密桩的处理地基深度应按照以下原则来确定：

（1）考虑到5m范围内土层的加固，可采用较为简便的换填法、强夯法等方法进行处理，而大于15m的土层加固受成孔设备的条件限制，往往采用其他方法，故处理深度一般为5～15m。

（2）当以消除地基湿陷性为主要目的时，对于非自重湿陷性地基，一般处理至地基压缩层下限，也可处理至非湿陷性土层顶面。

（3）当以提高地基承载力为主要目的时，应对基础下持力层范围内的高压缩性土层进行处理，下卧层顶面的承载力应满足设计要求。

（4）当以减小沉陷为主要目的时，可以控制沉陷量。

加固区复合压缩模量可按式（5-15）计算：

$$E_c=mE_p+(1-m)E_s \tag{5-15}$$

式中 E_c——复合地基加固层的复合压缩模量（MPa）；

E_p——桩体压缩模量（MPa）；

E_s——桩间土压缩模量（MPa）；

m——复合地基面积置换率。

5. 承载力的确定

灰土（或土）挤密桩复合地基的承载力可通过载荷试验或参照当地的工程经验来确定。

（1）通过载荷试验确定。对于重大工程项目或较为重要的工程，应通过载荷试验来确定地基的承载力。灰土（或土）挤密桩复合地基的承载力载荷试验，其承压板的面积应尽量按照工程实际情况来确定，一般不宜小于1.0m²（有时也采用0.5m²）。复合地基试验的桩孔间距和排距、施工参数选择应与实际工程一致。承压板所压桩孔截面积的百分比也应与实际工程一致。载荷板试验点的数量不得少于3点。如挤密的目的是消除地基的湿陷性，则应进行浸水载荷试验。在自重湿陷性黄土场地上，浸水试坑的直径或边长一般不应小于湿陷性黄土层的厚度，且不小于10m。

确定灰土（或土）挤密桩复合地基的承载力，当 $p-s$ 曲线上有明显的比例界限时，应取该比例界限所对应的荷载值；当极限荷载小于对应比例界限荷载值的2倍时，应取极限荷载值的一半；当 $p-s$ 曲线上无明显的直线段，不能按比例界限和极限荷载进行确定时，对于灰土挤密桩复合地基可按 $s/b=0.01$ 所对应的荷载作为地基的承载力，对于土挤密桩复合地基则按 $s/b=0.01\sim0.015$ 所对应的荷载作为地基的承载力。

（2）参照当地的工程建设经验。对于一般工程，可参考当地建设工程经验来确定灰土（或土）挤密桩复合地基的承载力设计值。当缺乏经验时，对土挤密桩复合地基，其承载力不宜大于处理前地基承载力的 1.4 倍，同时应小于 200kPa；对灰土挤密桩复合地基，其承载力应不大于处理前地基承载力的 2 倍，同时不宜大于 250kPa。灰土（或土）挤密桩复合地基的压缩模量应通过载荷试验或结合当地工程建设经验来确定。

灰土挤密桩复合地基承载力由灰土挤密桩和挤密后的土共同承担，其受力特征与灰土垫层相似。灰土挤密桩本身的承载能力可高于挤密后桩间土承载力的 2 倍以上，但其受力面积却远低于挤密后的桩间土面积。根据大量灰土挤密桩复合地基试验报告统计，其承载力大多在 300kPa 以上，最高可达 450kPa，土挤密桩复合地基的承载力一般为 160～250kPa。这两种复合地基承载力的平均比值可达 2.6 倍，可见灰土对提高承载力具有显著作用，而这两种复合地基桩间土的承载力则基本一致。

灰土挤密桩复合地基与碎石桩和旋喷桩复合地基不同。灰土挤密桩复合地基的承载力与其平面置换率有一定关系，但不完全取决于平面上所占比例的大小，这是因为当置换率大时，桩间距就小（在孔径一定的条件下），而桩间土的承载力也会相应提高。碎石桩和旋喷桩复合地基的承载力则取决于复合地基的置换率，置换率越大，承载力也就越大。

6. 变形计算

灰土（或土）挤密桩复合地基的变形计算，应符合现行国家标准《建筑地基基础设计规范》（GB 50007—2011）的有关规定。其中复合土层的压缩模量，可采用载荷试验的变形模量来代替。

灰土（或土）挤密桩复合地基的变形包括桩和桩间土的变形及其下卧未处理土层的变形。挤密后，桩间土的物理力学性质明显改善，表现为土的干密度增大、压缩性降低、承载力提高、湿陷性消除等，故桩和桩间土（复合土层）的变形可不计算，但应计算下卧未处理土层的变形。若下卧未处理的土层为中、低压缩性的非湿陷性土层，则其压缩变形、湿陷变形也可不计算。

7. 桩孔填料及灰土垫层

桩孔内的填料，应根据工程要求或处理地基的目的来确定。桩体的夯实质量宜采用平均压实系数进行控制。

当桩孔内用灰土或素土分层回填、分层夯实时，桩体内的平均压实系数值应不小于 0.96，消石灰与土的体积配合比宜为 2∶8 或 3∶7。

顶标高以上应设置厚度为 300～500m 的 2∶8 灰土垫层，其压实系数应不小于 0.95。

5.2.3 施工工艺

成孔应按设计要求、成孔设备、现场土质和周围环境等情况选用沉管（振动、锤击）或冲击等方法。

桩顶设计标高以上的预留覆盖土层厚度宜符合下列要求：

① 沉管（锤击、振动）成孔时，宜为 0.50～0.70m。

② 冲击成孔时，宜为 1.20～1.50m。

成孔时，地基土宜接近最优（或塑限）含水量。当土的含水量小于 12%时，宜对拟处理范围内的土层进行增湿。应于地基处理前 4～6d，将需增湿的水通过一定数量和一定深度的渗水孔，均匀地浸入拟处理范围内的土层中。

成孔和孔内回填夯实应符合下列要求：

① 成孔和孔内回填夯实的施工顺序为当整片处理时，宜从里（或中间）向外间隔1～2 孔进行（对大型工程，可采用分段施工的方法）；当局部处理时，宜从外向里间隔1～2 孔。

② 向孔内填料之前，孔底应夯实，并应抽样检查桩孔的直径、深度和垂直度。

③ 桩孔的垂直度偏差不宜大于 1.5%。

④ 桩孔中心点的偏差不宜超过桩距设计值的 5%。

⑤ 经检验合格后，应按照设计要求，向孔内分层填入筛好的素土、灰土或其他填料，并应分层夯实至设计标高。

铺设灰土垫层之前，应按照设计要求将桩顶标高以上的预留松动土层挖除或夯（压）密实。雨期或冬期施工时，应采取防雨或防冻措施，防止灰土和土料受雨水淋湿或冻结。施工过程中，应有专人监理成孔及回填夯实的质量，并应做好施工记录。如发现地基土质与勘察资料不符时，则应立即停工，待查明情况或采取有效措施处理后，方可继续施工。

5.2.4　效果及质量检验

灰土挤密桩、土挤密桩复合地基质量检验应符合下列规定：

① 桩孔质量检验应在成孔后及时进行，所有桩孔均需检验并做好记录，检验合格或经处理后方可进行夯填施工。

② 应随机抽样检测夯后桩长范围内灰土或土填料的平均压实系数 λ_c，抽检的数量不应少于总数的 1%，且不得少于 9 根。对灰土桩桩身强度有怀疑时，尚应检验消石灰与土的配合比。

③ 应抽样检验处理深度内桩间土的平均挤密系数 $\overline{\eta}_c$，检测探井数不应少于总桩数的 0.3%，且每项单体工程不得少于 3 个。

④ 对消除湿陷性的工程，除应检测上述内容外，还应进行现场浸水静载荷试验，试验方法应符合现行国家标准《湿陷性黄土地区建筑标准》（GB 50025—2018）的规定。

⑤ 承载力检验应在成桩后 14～28d 后进行，检测数量不应少于总桩数的 1%，且每项单体工程复合地基静载荷试验不应少于 3 点。

5.3　夯实水泥土桩

5.3.1　加固原理

1. 夯实水泥土桩复合地基受力特性

夯实水泥土桩是一种中等黏结强度的桩，形成的复合地基属于半刚性桩复合地基。与 CFG 桩（水泥粉煤灰碎石桩）复合地基相似，夯实水泥土桩复合地基与基础之间设有一定厚度的褥垫层，褥垫层可对变形作用进行调整，从而保证复合地基中桩土共同承担上部结构的荷载。

夯实水泥土桩复合地基主要是通过桩体的置换作用来提高地基承载力的。当天然地基承载力小于60kPa时，可考虑夯填施工对桩间土的挤密作用。

(1) 夯实水泥土桩的受力特点

夯实水泥土桩具有一定的强度，在垂直荷载的作用下，桩身不会因侧向约束不足而发生鼓胀破坏，桩顶荷载能够传入到较深的土层中，进而充分发挥桩侧阻力的作用。但由于桩身强度不大，桩身仍有可能发生较大的压缩变形。

由于桩身的可压缩性，桩的承载力发挥要经过桩身逐段压密、侧阻力逐渐发挥的过程，最后桩端承载力才开始发挥作用。

(2) 桩土应力比

夯实水泥土桩复合地基载荷试验的桩土应力比 n 与荷载 p 的关系曲线如图 5-2 所示。随着荷载的增加，桩土应力比也相应增加，曲线呈上凸形，至桩身屈服破坏时，桩土应力比达到峰值，此时可认为桩体达到极限荷载。当桩身屈服后，桩土应力比随着荷载的增加而降低，并渐趋于较稳定的数值。说明在水泥土桩复合地基中，水泥土桩体的破坏将会引起整个复合地基的破坏。

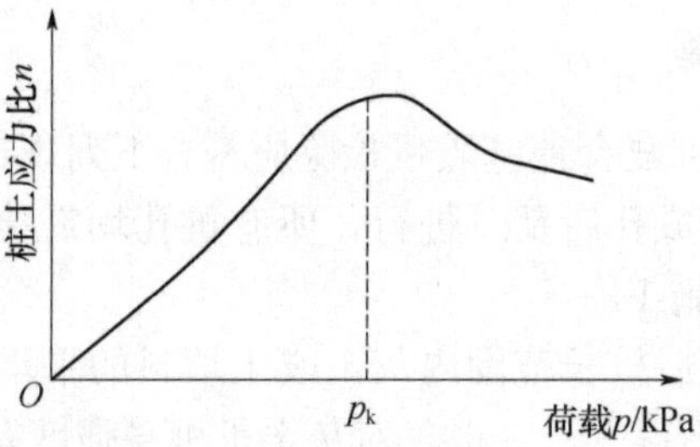

图 5-2　水泥土桩复合地基 $n-p$ 关系曲线

2. 夯实水泥土桩加固机理

(1) 夯实水泥土桩的化学作用机理

夯实水泥土桩拌合土料不同，其固化作用机理也有所差别。当拌合土料为砂性土时，夯实水泥土桩的固化机理与水泥砂浆相似，其固化时间短，固化强度高；当拌合土料为黏性土和粉土时，由于水泥掺入比有限（水泥掺入量一般为7%～20%），而土料中的黏粒和粉粒却具有较大的比表面积，并含有一定的活性介质，所以水泥固化速度缓慢，其固化机理也较为复杂。

夯实水泥土桩的桩体材料主要采用固化剂水泥、拌合土料及水，拌合土料可使用原地土料，若天然土性质不好，则可采用其他性能更好的土料。含水量以使拌和水泥土料达到最优含水量为准。

① 水泥的水化水解反应。在将拌合料逐层夯入孔内形成桩体的过程中，水泥与拌合土料中的水分充分接触，并发生水化水解反应，主要反应方程式如下：

$$2(3CaO \cdot SiO_2) + 6H_2O \longrightarrow 3CaO \cdot 2SiO_2 \cdot 3H_2O + 3Ca(OH)_2$$

$$2(2CaO \cdot SiO_2) + 4H_2O \longrightarrow 3CaO \cdot 2SiO_2 \cdot 3H_2O + Ca(OH)_2$$

$$3CaO \cdot Al_2O_3 + 6H_2O \longrightarrow 3CaO \cdot Al_2O_3 \cdot 6H_2O$$

$4CaO \cdot Al_2O_3 + Fe_2O_3 + 2Ca(OH)_2 + 10H_2O \longrightarrow 3CaO \cdot Al_2O_3 \cdot 6H_2O + 3CaOFe_2O_3 \cdot 6H_2O$

水泥中硅酸三钙（$3CaO \cdot SiO_2$）是决定加固体强度的因素，加固体后期的强度则取决于硅酸二钙（$2CaO \cdot SiO_2$）的水化程度，铝酸三钙（$3CaO \cdot Al_2O_3$）的水化速度快，能够促进早凝，铝酸四钙（$4CaO \cdot Al_2O_3$）则促进早强。这些水化物形成胶体，并进一步凝结硬化成水化物晶体。

② 水泥土的离子交换和团粒化作用。拌合土料中的黏性土和粉土颗粒与水分子结合时呈现胶体特性。土料中的二氧化硅（SO_2）遇水后形成硅酸胶体颗粒，其表面带有钠离子（Na^+）和钾离子（K^+），它们能与水泥水化生成的氢氧化钙中的钙离子（Ca^{2+}）进行当量吸附交换，从而使较小的土颗粒形成较大的土团粒，逐渐形成网络状结构，起到主骨架的作用。

③ 水泥土的硬凝反应。随着水泥水解和水化反应的深入，溶液中析出的大量钙离子（Ca^{2+}）与黏土矿物中的氧化硅（SiO_2）、氧化铝（Al_2O_3）进行化学反应，生成不溶于水的结晶化合物。该结晶化合物在水及空气中逐渐硬化固结，由于其结构致密，水分不容易侵入，故能够使水泥土具有足够的水稳性。

（2）夯实水泥土桩的物理作用机理

将水泥土桩混合料搅拌均匀，填入桩孔之后，经外力机械分层夯实，桩体达到密实。随着夯击次数及夯击能的增加，混合料干密度也相应地逐渐增大，强度明显提高。

夯击试验表明，在夯实能一定的情况下，对应最佳含水量的干密度为混合料的最大干密度。也就是说，在施工中只要将桩体混合料的含水量控制在最佳含水量，便可获得桩体的最大干密度和最大夯实强度。

在外力机械持续夯实的作用下，水泥土形成了具有较好水稳性的网络状结构，该结构具有结构致密、孔隙率低、强度高、压缩性低及整体性好等特点。

5.3.2　设计计算

1. 夯实水泥土桩复合地基布桩基本要求

（1）平面布置

由于夯实水泥土桩具有一定的黏结强度，在荷载作用下不会产生较大的侧向变形，所以夯实水泥土桩可仅在基础范围内布置。桩边至基础边线的距离宜为 10～30cm，基础边线至桩中心线的距离宜为（1.0～1.5）d。

（2）夯实水泥土桩参数设计

① 桩径 d。桩孔直径宜为 300～600mm，常用直径为 350～400m，具体根据设计及选用的成孔方法来确定。

② 桩距 s。桩距宜为桩径的 2～4 倍。具体设计时在桩径选定后，根据面积置换率确定。

③ 桩长 L。夯实水泥土桩的最大桩长不宜大于 10m，最小长度不宜小于 2.5m。桩长应根据上部结构对承载力和变形的要求来确定，并宜穿透软弱土层到达承载力较高的土层。

④ 面积置换率。夯实水泥土桩的面积置换率一般为 5%～15%，布桩形式通常采

用等边三角形或正方形布置。

2. 褥垫层设计

在桩顶面应铺设厚度为100～300mm的褥垫层，垫层材料可采用中砂、粗砂或碎石等，最大粒径不宜大于20mm。

3. 夯实水泥土桩桩体强度设计

夯实水泥土桩的强度与加固时所采用的水泥品种、强度等级、水泥掺量、被加固土体性质及施工工艺等因素有关。夯实水泥土桩立方体抗压强度一般可达到3.0～5.0MPa。

(1) 材料选择与配合比

① 水泥品种与强度等级。宜采用32.5或42.5级的矿渣水泥或普通硅酸盐水泥。水泥土强度将会随着水泥强度等级的提高而增加。据资料统计，水泥强度等级每增加C10级，水泥土标准抗压强度可提高20%～30%。

② 水泥掺入比a_w。水泥掺入比a_w可按式(5-16)计算：

$$a_w=\frac{\text{掺入水泥的质量}}{\text{被加固软土质量}}\times 100\% \tag{5-16}$$

水泥土强度还会随着水泥掺入比的增加而增大。若水泥掺量过低，则桩身强度低，加固效果就差；若水泥掺量过高，则地基加固不经济。对一般地基加固，水泥掺入比可取7%～20%。

③ 外掺剂。由于粉煤灰中含有SiO_2、Al_2O_3等活性物质，在水泥土中掺入一定量的粉煤灰，可使水泥土强度提高。一般可掺入10%左右的粉煤灰。

(2) 水泥土的标准强度

设计中应根据室内水泥土配合比试验资料，合理选取配合比，并测定其标准强度。夯实水泥土桩体强度宜取28d龄期试块立方体(边长为70.7mm)抗压强度的平均值，桩体试块抗压强度计算可按式(5-17)计算：

$$f_{cu}\geqslant 3\frac{R_a}{A_p} \tag{5-17}$$

式中 f_{cu}——桩体混合料试块标准养护28d立方体(边长为150mm)抗压强度平均值(kPa)；

R_a——单桩竖向承载力特征值(kN)；

A_p——桩的截面面积(m^2)。

4. 夯实水泥土桩复合地基承载力计算

(1) 复合地基承载力特征值

夯实水泥土桩复合地基承载力特征值，应通过现场复合地基载荷试验来确定。初步设计时可按式(5-18)估算，公式中的β为桩间土的承载力折减系数，可取0.9～1.0。

$$f_{spk}=m\frac{R_a}{A_p}+\beta(1-m)f_{sk} \tag{5-18}$$

(2) 单桩竖向承载力特征值

夯实水泥土桩单桩竖向承载力特征值的计算见式(5-19)和式(5-20)，结果取两者较小值。

$$R_a = \eta f_{cu} A_p \tag{5-19}$$

$$R_a = u_p \sum_{i=1}^{n} q_{si} l_{pi} + \alpha_p q_p A_p \tag{5-20}$$

(3) 软弱下卧层验算

当复合地基加固区下卧层为软弱土层时，还必须验算下卧层承载力。要求作用在下卧层顶面处的基础附加应力 P_0 与自重应力 σ_{cz} 之和不超过下卧层容许承载力。

5. 夯实水泥土桩复合地基沉降计算

夯实水泥土桩复合地基沉降量 s 由复合地基加固区范围内土层压缩量 s_1 和下卧层压缩量 s_2 组成。复合地基沉降计算采用各向同性均质线性变形体理论，可按分层总和法计算加固区和下卧层变形。

根据《建筑地基基础设计规范》(GB 50007—2011) 的规定，夯实水泥土桩复合土层压缩量的计算宜采用提高系数法，具体按式 (5-21) 计算：

$$E_{sp} = \xi E_s = \frac{f_{spk}}{f_{sk}} E_s \tag{5-21}$$

式中　f_{sk}——基础底面下天然地基承载力特征值 (kPa)；

f_{spk}——基础底面下复合地基承载力特征值 (kPa)。

为了简化计算，当加固层由多层土组成时，E_{sp} 可取多层土的加权平均值。

5.3.3　施工工艺

夯实水泥土桩的施工分为成孔、制备水泥土、夯填成桩三个步骤。成桩过程如图 5-3 所示。

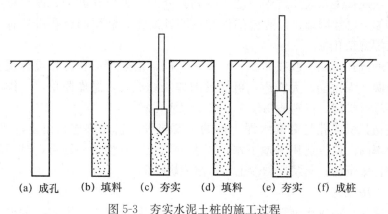

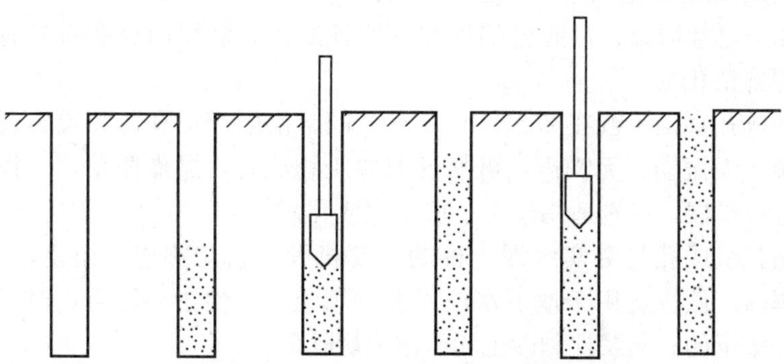

图 5-3　夯实水泥土桩的施工过程

1. 施工准备及制桩

(1) 施工准备

① 现场取土，确定原位土土质与含水量是否适合做水泥土桩混合料。

② 根据设计选用成孔方法并进行现场成孔试验，确定成孔的可行性。试桩数量不得少于 2 根。

(2) 桩材制备

夯实水泥土桩的桩体材料主要由水泥和土的混合料组成，选用材料应符合下列要求：

① 夯实水泥土桩所用的水泥应符合设计要求的种类及规格，宜采用32.5级或42.5级的矿渣水泥或普通硅酸盐水泥。水泥在储存和使用过程中，要做好防潮、防雨工作。

② 夯实水泥土桩的土料宜采用黏性土、粉土、粉细砂或渣土，选用原位土作为混合料时，土料中有机质的质量不得超过5%，不得含有冻土或膨胀土，使用时应过筛（筛孔为10～20mm）。

③ 混合料宜按设计配合比配制，一般可采用水泥：混合料＝1：（5～7）（体积比）的比例进行试配。

④ 混合料含水量应满足土料的最优含水量 w_{op}（通过室内击实试验来确定），其允许偏差不得大于±2%，土料与水泥应拌和均匀，水泥用量不得少于按配比试验确定的质量。

⑤ 混合料宜采用强制式混凝土搅拌机或人工进行拌和，搅拌后混合料应在2h内用于成桩。

2. 成孔工艺

根据成孔过程中是否取土，成孔方法可分为非挤土法（也称排土法）成孔和挤土法成孔两种。非挤土法成孔在成孔过程中对桩间土没有扰动，而挤土法成孔则对桩间土有一定的挤密和振密作用。对于地下水位以上具有振密和挤密效应的土宜选用挤土法成孔；当含水量大于24%，呈流塑状，或当含水量小于14%，呈坚硬状态的地基宜选用非挤土法成孔。

（1）非挤土法成孔

非挤土法成孔是在成孔过程中把土排到孔外的一种成孔方法。该法不具有挤土效应，多用于原土已经固结、没有湿陷性和振陷性的土。常用的成孔机具有人工操作的洛阳铲和长螺旋钻孔机。

洛阳铲的成孔直径一般在250～400mm之间。洛阳铲成孔的特点是设备简单，不需要任何能源，无振动、无噪声，可靠近旧建筑物成孔，操作简单，工作面可以根据工程的需要进行扩展，特别适用于中小型工程成孔。

长螺旋钻孔机成孔是夯实水泥土桩的主要机种，它能够连续出土，成孔质量好、成孔深、效率高。该机适用于地下水位以上的填土、黏性土、粉土，对于砂土，其含水量要适中，太干的砂土及饱和砂土均易出现坍孔。

（2）挤土法成孔

挤土法成孔是在成孔过程中把原桩孔的土体挤到桩间土中去的一种成孔方法。挤土法成孔可使桩间土的干密度增加，孔隙比减少，承载力提高。常用的成孔方法有锤击成孔、振动沉管和干法振冲器成孔。

锤击成孔法是指采用打桩锤将桩管打入土中，然后拔出桩管的一种成孔方法。夯锤由铸铁制成，锤重一般为3～10kN，设备简单。该方法适于用来处理松散的填土、黏性土和粉土，适用于桩径小且孔不太深的情况。

振动沉管法成孔是指采用振动打桩机将桩管打入土中，然后拔出管的成孔方法。目前我国振动打桩机已系列化、定型化，可以根据地质情况、成孔直径和桩深来选取。振动时土壤中所含的水分能够减少桩管表面与土壤之间的摩擦，因此当桩管在含水饱和的砂土和湿黏土中时，沉管阻力较小，而在干砂和干硬的黏土中用振动法沉桩时阻力则很大。而且在砂土和粉土中施工拔管时宜停振，否则易出现坍孔，但频繁的启动容易造成电机损坏。

干法振动成孔器成孔与碎石桩方法相同，采用该法也宜停振拔管，否则易使桩孔坍塌，也存在易损坏电机的问题。

（3）桩孔施工的注意事项

① 桩孔宜按设计图纸定位钻孔，桩孔中心偏差不应超过桩径设计值的 1/4，对条形基础不得超过桩径设计值的 1/6。

② 桩孔垂直度偏差不应大于 1.5%。

③ 桩孔直径不得小于设计桩径，桩孔深度不得小于设计深度。

3. 夯填工艺

夯填可采用机械夯实，也可采用人工夯实。常用的夯填方法有：夹板自落夯实机成桩、夹管自落夯实机成桩、人工夯锤夯实成桩、卷扬吊锤夯实机成桩等。

（1）夯填桩孔

① 夯填桩孔时，宜选用机械夯实，分段夯填。向孔内填料前必须将孔底夯实。

② 成桩时，填料量与锤质量、锤的提升高度及夯击能密切相关。要求填料厚度不得大于 50cm，夯锤质量不应小于 150kg，提升高度不应低于 70cm。

③ 夯击能不仅取决于夯锤质量和提升高度，还与填料量和夯击次数有密切的相关性。施工时应进行现场制桩试验，使夯实效果满足设计要求，混合料压实系数 λ_c 一般不应小于 0.93。

④ 桩顶夯填高度应比设计桩顶标高大 200～300mm，垫层施工时应将多余桩体凿除。

⑤ 施工过程中，应有专人检测成孔及回填夯实质量，并做好施工记录。如发现地基土质与勘察资料不符时，应查明情况，并采取措施进行有效处理。

⑥ 雨期或冬期施工时，应采取防雨、防冻措施，防止土料和水泥淋湿或冻结。

（2）垫层施工

垫层材料应级配良好，不含植物残体、垃圾等杂质。为了减少施工期地基的变形量，垫层铺设时应分层夯压密实，夯填度不得大于 0.9。垫层施工时严禁扰动基底土层。

5.3.4　效果及质量检验

1. 夯实水泥土桩桩体夯实质量检验

夯实水泥土桩桩体的夯实质量检验应在成桩过程中随机抽样检测。抽检数量不应少于总数的 2%。

对于一般工程，可检查桩的干密度和施工记录。干密度的检验方法可在 24h 内采用取土样测定，或采用轻型动力触探锤击数 N_{10} 与现场试验确定的干密度进行对比，以判断桩身质量。

2. 承载力检测

夯实水泥土桩复合地基竣工验收时，承载力检验可采用单桩复合地基载荷试验，对重要或大型工程还应进行多桩复合地基载荷试验。

单桩复合地基载荷试验宜在成桩 15d 后进行。静载荷试验检验数量不应少于桩总数的 1%，且每项单体工程检验数量不应少于 3 个试验点。

夯实水泥土桩复合地基载荷试验完成之后，当以相对变形值来确定夯实水泥土桩复合地基承载力特征值时，对以黏性土、粉土为主的地基，可取载荷试验沉降比 s/b（或 s/d）等于 0.01 时所对应的压力值；对以卵石、圆砾、密实粗中砂为主的地基，可取载荷试验沉降比 s/b（或 s/d）等于 0.008 时所对应的压力值。

5.4 水泥粉煤灰碎石桩

5.4.1 加固原理

1. 桩及桩间土受力特性

(1) 桩及桩间土共同作用

在 CFG 桩（水泥粉煤灰碎石桩）复合地基中，基础通过一定厚度的褥垫层与桩和桩间土相联系。褥垫层一般由级配砂石组成。由基础传来的荷载，先传递给褥垫层，再由褥垫层传递给桩和桩间土。由于桩间土的抗压强度远远小于桩的抗压强度，故上部传来的荷载大部分集中在桩顶，当桩顶压应力超过褥垫层局部抗压强度时，桩体向上刺入，褥垫层产生局部压缩。同时，在上部荷载的作用下，基础和褥垫层整体产生向下位移，压缩桩间土，此时桩间土承载力开始发挥作用，并产生沉降（地面沉降量为 s），直到力平衡为止。CFG 桩复合地基桩土共同作用如图 5-4 所示。

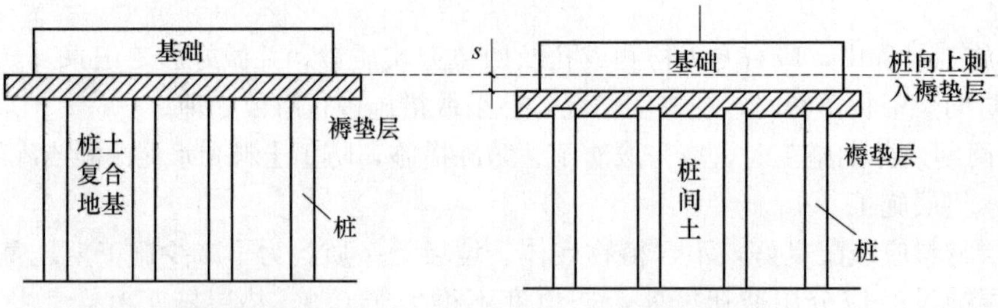

图 5-4 CFG 桩复合地基桩土共同作用

(2) 桩及桩间土荷载分担

假定复合地基中，总荷载为 P，桩体承担的荷载为 P_p，桩间土承受的荷载为 P_s，则 CFG 桩承担的荷载占总荷载的百分比 δ_p 为

$$\delta_p = \frac{P_p}{P} \tag{5-22}$$

桩间土承担的荷载占总荷载的百分比 δ_s 为

$$\delta_s = \frac{P_s}{P} \tag{5-23}$$

垂直荷载作用下复合地基桩、土荷载分担比的变化曲线如图 5-5 所示。从图中可以

看出，当荷载较小时，土承担的荷载大于桩承担的荷载，随着荷载的增加，桩间土承担的荷载占总荷载的百分比 δ_s 逐渐减小，而桩承担的荷载占总荷载的百分比 δ_p 则逐渐增大。当荷载 $P=P_k$ 时，桩间土和桩承担的荷载各占 50%；当 $P>P_k$ 时，桩承担的荷载就会超过桩间土承担的荷载。

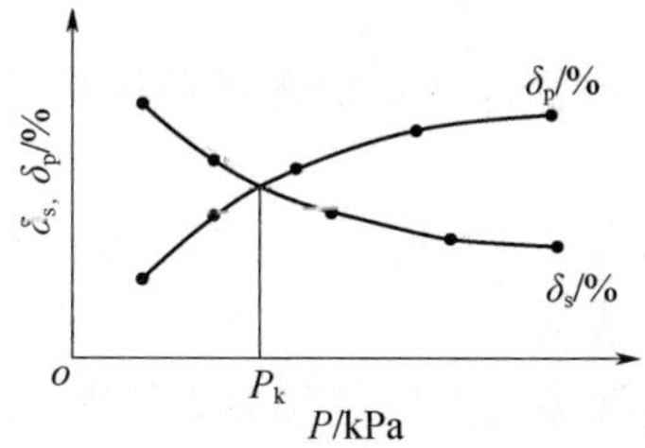

图 5-5　CFG 桩复合地基桩、土荷载分担比的变化曲线

δ_p、δ_s 与荷载大小、土的性质、桩长、桩距、褥垫层厚度有关。荷载一定，其他条件相同时，δ_p 将会随着桩长的增加而增大，并且随着桩距的减小而增大；土的强度越低，褥垫层越薄，δ_p 就越大。

（3）桩传递轴向力的特征

在竖向荷载的作用下，CFG 桩和桩间土均会产生沉降，在某一深度范围内，土的位移要大于桩位移，土对桩会产生负摩阻力，如图 5-6（a）、（b）所示。从图中可知，z_0 处桩位移与土的位移相等，该断面所处位置为中性点。当 $z>z_0$ 时，桩位移大于土的位移，土对桩产生正摩阻力。

在中性点以上，桩的轴力将会随着深度的增加而增大，中性点以下桩的轴力将会随着深度的增加而减小，桩的最大轴向应力在中性点处，如图 5-6（c）所示。

在复合地基中，桩间土在荷载作用下产生的压缩虽然增大了桩的轴向应力，降低了单桩承载力，但同时桩间土被挤密，增大了复合地基模量，这样有利于提高桩间土的承载力、减小复合地基的变形。

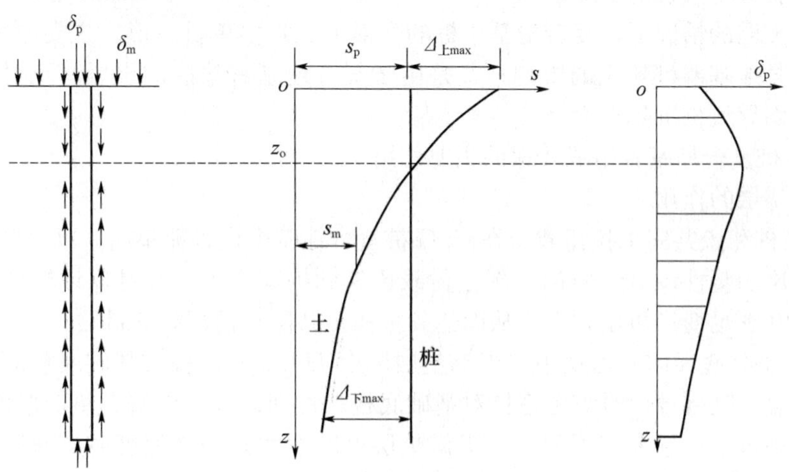

(a) 桩身摩阻力示意图　(b) 桩土位移示意图　(c) 桩轴力随深度变化示意图

图 5-6　竖向荷载作用下桩传递轴向力的特征

（4）桩间土的应力分布

刚性基础下桩间土上的应力分布情况是：基础边缘应力较大，而中间部分则应力较小，内外区的平均应力比在1.25～1.45之间。

2. 复合地基变形特性

（1）变形模式

CFG桩复合地基总沉降s由复合地基加固区范围内土层压缩量s_1、下卧层压缩量s_2和褥垫层压缩量s_3组成，即

$$s=s_1+s_2+s_3 \tag{5-24}$$

（2）复合地基土的变形性状

复合地基和天然地基不同深度处土的位移曲线如图5-7所示。图中，曲线1为天然地基位移曲线，曲线2为复合地基位移曲线。复合地基$s-z$曲线比较平缓，在荷载较小时，复合地基桩间土的变形要小于天然地基的变形。随着荷载的增加，复合地基的变形则大于天然地基的变形，说明复合地基中桩将一部分荷载传递给了深层土。

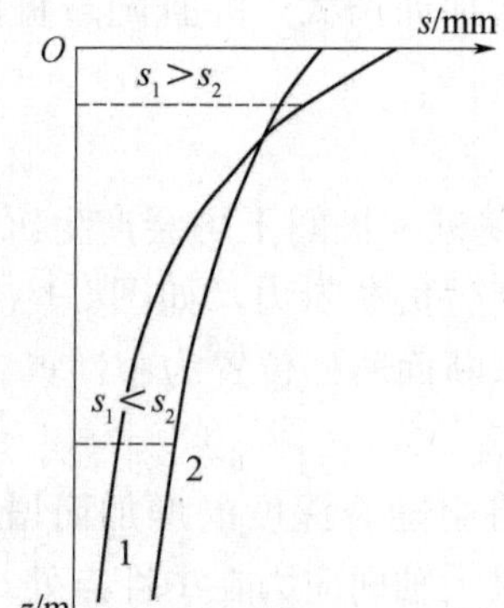

图5-7 复合地基和天然地基不同深度处土的位移曲线

（3）复合地基中桩的变形性状

在荷载相同的情况下，复合地基中桩的变形大于自由单桩变形。主要原因有两点：一是由于复合地基群桩效应的影响；二是由于复合地基褥垫层的设置，土对桩产生负摩阻力，从而导致桩沉降加大。

3. CFG桩复合地基各组成要素的主要作用

（1）褥垫层的作用

① 保证桩和土共同承担荷载。在CFG桩复合地基中设置褥垫层，可以保证基础始终通过褥垫层的塑性调节作用把一部分荷载传递到桩间土上，并且保证桩和桩间土始终参与工作并满足变形协调条件，从而达到桩和土共同承担荷载的目的。

② 减小基础底面的应力集中。当褥垫层厚度$H=0$时，桩对基础底板的应力集中现象较为显著，基础设计时需考虑桩对基础底板的冲切破坏。随着褥垫层厚度的增加，这种应力集中现象也越来越不明显。当褥垫层厚度增大到一定程度时，基础反力就会与天然地基的反力分布情况近似。实验研究表明，当褥垫层厚度$H\geqslant 100$mm时，桩对基础产生的应力集中现象就会显著降低；当褥垫层厚度$H=300$mm时，应力集中现象

已经很小了，也就是说，当褥垫层超过一定厚度后，在基础底板设计时可不考虑桩对基础应力集中的影响。

（2）桩的作用

① 承担基础传递而来的荷载。CFG 桩属于刚性桩，不仅可全桩长发挥桩的侧阻作用，当桩端落在较硬土层上时还可发挥端阻作用。桩由于其周围土体密实度增大，侧应力增加而改善了受力性能，增加了桩体极限承载力，提高了桩的延性。桩体强度尤其是近桩头部分的桩体强度对复合地基承载力起着决定性的作用，增加桩体强度和桩长是提高复合地基承载力的有效途径。

② 对地基土产生一定的挤密作用。当 CFG 桩采用振动沉管法成孔时，由于桩管振动和侧向挤压的作用，可减小桩间土的孔隙比，降低土的压缩性，从而提高土体承载力。

（3）CFG 桩复合地基的加固作用

① 置换作用。根据桩体与加固后桩间土的特性对比，CFG 桩桩体的弹性模量远远大于桩间土的弹性模量，可见 CFG 桩承担的荷载要远远大于桩间土承担的荷载，因此土被 CFG 桩置换是复合地基承载力得到提高的主要原因。

② 排水作用。由于 CFG 桩是在普通混凝土拌合料中掺入粉煤灰，所以具有很强的渗透性，有实验表明，CFG 桩桩体的渗透系数远远大于桩间土层的渗透系数。实际上，桩体相对于土体构成了固结排水通道，加速了土体的排水固结过程，有效地提高了土体的强度，同时还可明显改善黏性土和粉土的工程性质。

5.4.2　设计计算

1. 设计思路

当 CFG 桩（水泥粉煤灰碎石桩）桩体强度等级较高时，具有刚性桩的性质，但在承担水平荷载方面与传统的桩基之间却存在着明显的区别。桩在桩基中既可承受垂直荷载也可承受水平荷载，它传递水平荷载的能力要远远小于传递垂直荷载的能力，而 CFG 桩复合地基则可以通过褥垫层把桩和承台（基础）断开，从而改变了过分依赖桩承担垂直荷载和水平荷载的传统设计思想。

如图 5-8 所示的独立基础简图，当基础承受水平荷载 Q 时有三部分力与 Q 平衡：一是基础底面的摩阻力 F_t；二是基础两侧面的摩阻力 F_1；三是与水平荷载 Q 方向相反的土的抗力 R。

F_t 和基底与褥垫层之间的摩擦系数及建筑物质量 W 有关，W 数值越大则 F_t 越大。

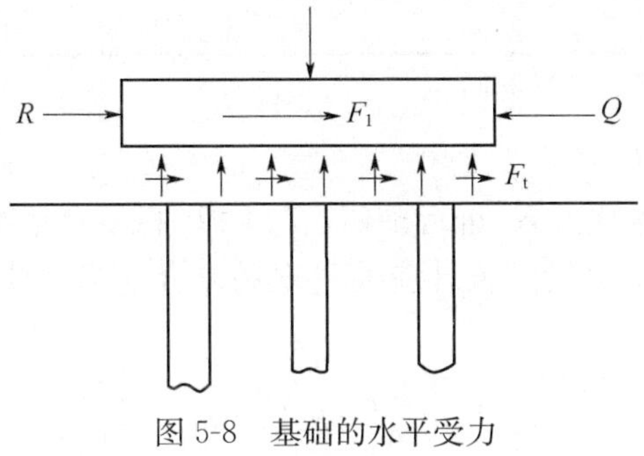

图 5-8　基础的水平受力

基底摩阻力 F_t 传递到桩和桩间土上，桩顶应力为 τ_p、桩间土应力为 τ_s。由于 CFG 桩复合地基的置换率一般不大于 10%，所以由不低于 90%的基底面积的桩间土承担了绝大部分的水平荷载，而桩承担的水平荷载则占很小一部分。试验结果表明，桩、土的剪应力比将会随着褥垫层厚度的增大而减少。设计时可通过改变褥垫层的厚度来调整桩、土水平荷载分担比。

大桩距布桩的“疏桩理论”就是为调动桩间土承载能力而形成的新的设计思想。传统桩基中仅提供了桩可能向下刺入变形的条件，而 CFG 桩复合地基则通过褥垫层与基础连接，并有上下双向刺入的变形模式，能够保证桩间土始终参与工作。因此，垂直承载力的设计首先是将土的承载能力充分发挥，不足部分则由 CFG 桩来承担。显然，与传统的桩基设计方案相比，大大地减少了桩的数量。

需要特别指出的是：CFG 桩不仅仅可以用来加固软弱的地基，对于较好的地基土，若建筑物荷载较大，天然地基承载力不够时，也可以用 CFG 桩来补足。

2. 设计参数

CFG 桩复合地基主要有以下 5 个设计参数：

（1）桩径

CFG 桩常采用振动沉管法施工，其桩径根据桩管大小而定，一般为 350～600mm。

（2）桩距

桩距的选用需要考虑承载力提高幅度能够满足设计要求，且施工方便、桩作用的发挥、场地地质条件及造价等因素，可参照表 5-1 进行选择。

① 对挤密性好的土，如砂土、粉土和松散填土等，桩距可取得较小。

② 对单、双排布桩的条形基础和面积不大的独立基础等，桩距可取得较小；反之，满堂布桩的筏形基础、箱形基础以及多排布桩的条形基础、设备基础等，桩距应适当放大。

③ 对地下水位高、地下水丰富的建筑场地，桩距应适当放大。

表 5-1 CFG 桩桩距选用参考值

布桩形式	土质		
	挤密性好的土，如砂土、粉土、松散填土等	可挤密性土，如粉质黏土、非饱和黏土等	不可挤密性土，如饱和黏土、淤土质土等
单、双排布桩的条形基础	（3～5）d	（3.5～5）d	（4～5）d
含 9 根以下的独立基础	（3～6）d	（3.5～6）d	（4～6）d
满堂布桩	（4～6）d	（4～6）d	（4.5～7）d

注：d 为桩径，以成桩后的实际桩径为准。

（3）桩长

桩长可按单桩竖向承载力 R_a 进行预估，与 CFG 桩复合地基承载力特征值有关。

CFG 桩复合地基承载力特征值，应通过现场复合地基载荷试验来确定，初步设计时也可按式（5-25）估算：

$$f_{spk}=m\frac{R_a}{A_p}+\beta\,(1-m)\,f_{sk} \tag{5-25}$$

式中　f_{spk}——复合地基承载力特征值（kPa）；

m——面积置换率；

R_a——单桩竖向承载力特征值（kN）；

A_p——桩的截面积（m^2）；

β——桩间土承载力折减系数，宜按地区经验取值，如无经验时可取 0.75～0.95，天然地基承载力较高时取大值；

f_{sk}——处理后桩间土承载力特征值（kPa），宜按当地经验取值，如无经验时，可取天然地基承载力特征值。

单桩竖向承载力特征值 R_a 的取值，应符合下列规定：

① 当采用单桩载荷试验时，应将单桩竖向极限承载力除以安全系数 2。

② 当无单桩载荷试验资料时，可按式（5-26）估算：

$$R_a = u_p \sum_{1}^{n} q_{si} l_i + q_p A_p \tag{5-26}$$

式中　u_p——桩的周长（m）；

n——桩长范围内所划分的土层数；

q_{si}、q_p——桩周第 i 层土的侧阻力、桩端端阻力特征值（kPa），可按现行国家标准《建筑地基基础设计规范》（GB 50007—2011）的有关规定确定；

l_i——第 i 层土的厚度（m）。

当桩体强度大于某一数值时，提高桩体强度对复合地基承载力没有影响。因此复合地基设计时，不必把桩体强度等级取得很高，一般取桩顶应力的 3 倍即可。这是由复合地基的受力特性所决定的。

桩体试块抗压强度平均值应满足下列要求：

$$f_{cu} \geqslant 3\frac{R_a}{A_p} \tag{5-27}$$

式中　f_{cu}——桩体混合料试块（边长为 150mm 的立方体）标准养护 28d 立方体抗压强度平均值（kPa）。

R_a——单桩竖向承载力特征值（kN）；

A_p——桩的截面积（m^2）。

（4）褥垫层

褥垫层的厚度一般宜取 150～300mm，当桩径和桩距过大时，褥垫层的厚度宜取高值。褥垫层的材料可采用碎石、级配砂石（限制最大粒径）、粗砂、中砂。

（5）沉降计算

一般 CFG 桩复合地基沉降由加固深度范围内土的压缩变形 s_1、下卧层变形 s_2 和褥垫层变形 s_3 组成。由于 s_3 的数量很小可以忽略不计，则有 $s=s_1+s_2$。

假定加固区复合土体为与天然地基分层相同的若干层均质地基，不同的压缩模量均相应扩大 f 倍，然后按分层总和法计算加固区和下卧层变形求和，可得

$$s = s_1 + s_2 = \psi_s \left(\sum_{i=1}^{n_1} \frac{\Delta p_i}{\zeta E_{si}} h_i + \sum_{i=n_1+1}^{n_2} \frac{\Delta p_i}{E_{si}} h_i \right) \tag{5-28}$$

式中　n_1——加固区的分层数；

n_2——总的分层数；

Δp_i——荷载 p_0 在第 i 层产生的平均附加应力（kPa）；

E_{si}——第 i 层土的压缩模量（MPa）；

h_i——第 i 层土的分层厚度（m）；

ζ——模量提高系数，$\zeta = f_{spk}/f_{ak}$；

f_{ak}——基础底面下天然地基承载力特征值（kPa）；

ψ_s——沉降计算经验修正系数，见表 5-2。

表 5-2 沉降计算经验修正系数 ψ_s

$\overline{E_s}$/MPa	2.5	4.0	7.0	15.0	20.0
ψ_s	1.1	1.0	0.7	0.4	0.2

注：$\overline{E_s}$为沉降计算深度范围内压缩模量的当量值，应按下式计算：$\overline{E_s}=\dfrac{\sum A_i}{\sum \dfrac{A_i}{E_{si}}}$

式中：A_i 为第 i 层土附加应力系数沿土层厚度的积分值；E_{si} 为基础底面下第 i 层土的压缩模量值（MPa），桩长范围内的复合土层按复合土层的压缩模量取值。

5.4.3 施工工艺

1. CFG 桩成桩工艺

目前常用 CFG 桩（水泥粉煤灰碎石桩）施工工艺主要有三种，即长螺旋钻孔灌注成桩、长螺旋钻孔管内泵压混合料灌注成桩、振动沉管灌注成桩。选择施工工艺时应综合考虑设计要求、地基土性质、地下水埋深及对场地周边环境的影响等因素。

（1）长螺旋钻孔灌注成桩工艺

该工艺适用于地下水位以上的黏性土、粉土、素填土中等密实以上的砂土。施工处理深度一般小于 30m，常用桩径在 400～420mm 之间。

长螺旋钻孔灌注成桩属于非挤土桩成桩工艺，施工过程中对桩间土的扰动较小。该施工工艺具有穿透能力强、低噪声、无振动、无泥浆污染等特点。为保证成孔时不出现塌孔，施工时要求桩长范围内无地下水，必要时还应采取井点降水措施。

（2）长螺旋钻孔管内泵压混合料灌注成桩工艺

该工艺是由长螺旋钻机、混凝土泵和强制式混凝土搅拌机组成的完整的施工体系，其适用于黏性土、粉土、砂土，以及对噪声要求严格的场地。

长螺旋钻孔管内泵压混合料灌注成桩施工工艺的优点包括：低噪声、无泥浆污染；成孔制桩时不产生振动，避免了新打桩对已打桩产生的不良影响；成孔穿透能力强，可穿透硬土层，诸如砂层、圆砾层和粒径不大于 60mm 的卵石层；施工效率高。

长螺旋钻孔管内泵压混合料灌注成桩的施工工艺流程为：钻机就位→钻进成孔→连续压灌混合料→提升钻杆成桩→钻机移位。

（3）振动沉管灌注成桩工艺

该工艺属于挤土成桩工艺，主要适用于粉土、黏性土、松土、淤泥质土及人工填土等地质条件。振动沉管灌注成桩工艺具有施工操作简单、施工费用低、对桩间土挤密效果显著、可消除地基液化等优点。振动沉管成桩深度一般小于 30m，常用桩径在

360～420mm 之间。

采用振动沉管灌注成桩工艺，施工中无论是振动沉管还是振动拔管，均会对周围土产生扰动或挤密，振动的影响与土的性质密切相关。挤密效果好的土（如松散粉土、粉砂）在施工时，振动可使土体密度增加，场地发生下沉；不可挤密的土（如密实粉土、黏土、粉砂）则会发生地表隆起，严重时还会造成缩颈或断桩。对于灵敏度较高的土和密实度较高的土，振动会破坏土的结构强度，使土的密实度减小，承载力下降。施工中可采用螺旋钻预引孔，然后用振动沉管机制桩，避免扰动桩间土。

振动沉管灌注桩施工时应注意的问题有：难以穿透砂层、卵石层等硬土层；施工噪声较大，不适合在城市居民区施工；当邻近已有建筑物施工时，振动可能会对建筑物产生不良影响；当施工顺序不当时，还可能将邻桩挤断。

振动沉管灌注桩的施工工艺流程为：钻机就位→沉管成孔→钻杆内灌注混合料→提升钻杆并补投混合料→成桩→钻机移位。

2. 施工注意事项

（1）CFG 桩施工

① 施工前应按照设计要求在实验室内进行配合比试验，施工时宜按配合比配制混合料。长螺旋钻孔管内泵压混合料成桩施工的坍落度宜为 160～200mm，振动沉管灌注成桩施工的坍落度宜为 30～50mm，振动沉管灌注成桩后桩顶浮浆厚度不宜超过 200mm。

② 长螺旋钻孔管内泵压混合料成桩施工在钻至设计深度后，应准确掌握提拔钻杆的时间，混合料泵送量应与拔管速度相匹配，遇到饱和砂土或饱和粉土层，不得停泵待料。沉管灌注成桩施工的拔管速度应匀速控制，宜为 1.2～1.5m/min，如遇淤泥或淤泥质土，拔管速度应适当放慢。

③ 成桩过程中，抽样做混合料试块，每台机械一天应做 1 组（3 块）试块（边长为 50mm 的立方体），进行标准养护，并测定其立方体抗压强度。

④ 施工桩顶标高宜高出设计桩顶标高不少于 0.5m。

⑤ 冬期施工时混合料入孔温度不得低于 5℃，对桩头和桩间土则应采取保温措施。

施工垂直度偏差不应大于 1%。对满堂布桩基础，桩位偏差不应大于桩径的2/5；对条形基础，桩位偏差不应大于桩径的 1/4；对单排布桩，桩位偏差不应大于 60mm。

③ 设计桩的施打顺序，主要考虑新打桩对已打桩的影响。施打顺序一般分为连续施打和隔桩跳打两种，连续施打对桩所造成的缺陷是桩径被挤扁或缩径。隔桩跳打，先打桩不易发生缩径现象，但土质较硬时在已打桩中间补打新桩时，已打桩可能被震裂或震断。

施打顺序与土性和桩距有关，软土中成桩，当桩距较大时，可采用隔桩跳打的顺序；在饱和松散粉土中，应采用从一边向另一边推进打桩，或从中心向外推进施工的顺序，满堂布桩，无论桩距大小，均不宜从四周向内推进施工。

（2）清土和截桩

保护桩长是指成桩时预先设定加长的一段桩长，可取 0.5～0.7m，上部用黏土封顶，待强度达到设计要求，且复合地基检测完成后截掉桩头。清土和截桩时，不得造成桩顶标高以下桩身断裂和扰动桩间土。

（3）褥垫层施工

褥垫层铺设宜采用静力压实法，当基础底面下桩间土的含水量较小时也可采用动力夯实法，夯填度（夯实后的褥垫层厚度与虚铺厚度的比值）不得大于0.9。

5.4.4 效果及质量检验

1. 质量检验的一般规定

（1）施工质量检验主要应检查施工记录，混合料坍落度、桩数、桩位偏差、褥垫层厚度、夯填度和桩体试块抗压强度等。

（2）竣工验收时，CFG桩复合地基承载力检验应采用复合地基静载荷试验和单桩静载荷试验。

（3）CFG桩地基承载力检验宜在施工结束28d后进行，其桩身强度应满足试验荷载条件。复合地基静载荷试验和单桩静载荷试验的数量不应少于总桩数的1%，且每个单体工程的复合地基静载荷试验的试验数量不应少于3点。

（4）采用低应变动力试验检测桩身的完整性，检验数量不低于总桩数的10%。

2. 质量检验项目

（1）施工前应对水泥、粉煤灰、砂及碎石等原材料进行检验。

（2）施工中应检查桩身混合料的配合比、坍落度、提拔杆速度（或提套管速度）、成孔深度、混合料灌入量等。

（3）施工结束后应对桩顶标高、桩位、桩体强度和完整性、复合地基承载力以及褥垫层的质量进行检查。

3. 质量检验标准

CFG桩复合地基的质量检验标准见表5-3。

表5-3 CFG桩复合地基的质量检验标准

项目	序号	检查项目	允许偏差或允许值		检查方法
			单位	数值	
主控项目	1	原材料	符合有关规范、规程要求、设计要求		检查出厂合格证及抽样送检
	2	桩径	mm	−20	尺量或计算填料量
	3	桩身强度	设计要求		查28d试块强度
	4	地基承载力	设计要求		按规定方法
一般项目	1	桩身完整性	按有关检测规范		按有关检测规范
	2	桩径偏差	mm	满堂布桩≤0.4D 条基布桩≤0.25D	用钢尺量，D为桩径
	3	桩垂直度	%	≤1.5	用经纬仪测桩管
	4	桩长	mm	＋100	测桩管长度或垂球测孔深
	5	褥垫层夯填度	≤0.9		用钢尺量

注：1. 夯填度指夯实后的褥垫层厚度与虚体厚度的比值。
2. 桩径允许偏差负值是指个别断面。

5.5　水泥土搅拌桩

5.5.1　加固原理

1. 水泥土的固化原理

(1) 固化剂的种类

固化剂是深层搅拌加固软土地基的主要材料，其性能应根据软土和土中水的化学成分进行选择，使之固化后能将软土的力学强度提高到设计要求的量值。一般经常使用的固化剂种类有水泥类、石灰类、沥青类及化学材料类等。其中，水泥类和石灰类的应用最为广泛。

(2) 水泥加固软土的作用机理

水泥加固软土的物理化学反应过程与混凝土的硬化机理不同，混凝土的硬化机理主要是在粗填充料（比表面不大、活性很弱的介质）中进行水解水化作用，其凝结速度较快。而在水泥加固软土中，由于水泥掺量很小（一般仅为土重的 7%～15%），水泥的水解和水化反应完全是在具有一定活性的介质——土的围绕下进行的，故水泥加固软土的强度增长比混凝土缓慢。

普通硅酸盐水泥主要是由氧化钙、二氧化硅、三氧化二铝、三氧化二铁及三氧化硫等组成的。并由这些不同的氧化物分别组成不同的水泥矿物，如硅酸三钙、硅酸二钙、铝酸三钙、铁铝酸四钙、硫酸钙等。用水泥加固软土时，水泥颗粒表面的矿物很快就会与软土中的水发生水解和水化反应，生成氢氧化钙、含水硅酸钙、含水铝酸钙及含水铁酸钙等化合物。

① 离子交换和团粒化作用

黏土与水结合时即可表现出一种胶体特征，如土中含量最多的 SiO_2 遇水后就会形成硅酸胶体微粒，其表面带有 Na^+ 和 K^+，它们能与水泥水化生成的氢氧化钙中的 Ca^{2+} 进行当量吸附交换，使较小的土颗粒形成较大的土团粒，从而提高土体的强度。

水泥水化生成的凝胶粒子，其比表面积要比原水泥颗粒大约 1000 倍，因而会产生很大的表面能，具有强大的吸附活性，能使较大的土团粒进一步结合起来，形成水泥土的团粒结构，并封闭各土团的空隙，联结坚固，因此就会大大地提高水泥土的强度。

② 硬凝反应

随着水泥水化反应的深入，溶液中析出大量的 Ca^{2+}，当其数量超过离子交换的需要量后，在碱性环境中，能使组成黏土矿物的 SiO_2 和 Al_2O_3 的一部分或大部分与 Ca^{2+} 进行化学反应，逐渐生成不溶于水的稳定的结晶化合物，从而增大了水泥土的强度。其反应式如下：

$$SiO_2+Ca(OH)_2+nH_2O \longrightarrow CaO\cdot SiO_2\cdot(n+1)H_2O$$

或

$$Al_2O_3+Ca(OH)_2+nH_2O \longrightarrow CaO\cdot Al_2O_3\cdot(n+1)H_2O$$

③ 碳酸化作用

水泥水化物中游离的 $Ca(OH)_2$ 能吸收水和空气中的 CO_2，发生碳酸化反应，生成不溶于水的碳酸钙。其反应式如下：

$$Ca(OH)_2 + CO_2 \longrightarrow CaCO_3 + H_2O$$

这种反应也能增加水泥土的强度，但增长的速度较慢，幅度也较小。

2. 石灰加固软土的作用机理

（1）石灰的吸水、发热、膨胀作用

在软弱地基中加入生石灰，就会与土中的水发生化学反应，形成熟石灰。在这一反应过程中有相当于生石灰质量32%的水被吸收，其反应式为

$$CaO + H_2O \longrightarrow Ca(OH)_2 + 65303.2J/mol$$

形成熟石灰时，CaO的水化作用可产生大量的热量，这种热量又会促进水分蒸发，从而使相当于生石灰质量47%的水被蒸发掉。因此，形成熟石灰时，土中总共减少了相当于生石灰质量79%的水分。另外，在由生石灰变为熟石灰的过程中，石灰的体积膨胀了1～2倍，促进了周围土的固结。

（2）离子交换作用与土微粒的凝聚作用

生石灰刚变为熟石灰时正处于绝对干燥的状态，具有很强的吸水能力。这种吸水作用一直会持续到与周围土相平衡为止，进一步降低了周围土的含水量，在这种状态下，化学反应式为

$$Ca(OH)_2 \longrightarrow (Ca^{2+}) + 2(OH)^-$$

反应中产生的钙离子Ca^{2+}与扩散层中的钠离子Na^+、钾离子K^+发生离子交换作用，双电层中的扩散层减薄，结合水减少，使黏土粒间的结合力增强而呈团粒化，从而改变土的性质。

（3）化学结合作用

上述离子交换之后，随着龄期的增长，胶质SiO_2、Al_2O_3与石灰发生反应，将会形成复杂的化合物。这些化合物的形成要经过长时间的缓慢过程，它们在水中和空气中逐渐硬化，与土颗粒黏结在一起，形成网状结构，结晶体在土颗粒间相互穿插，盘根错节，使土颗粒间的联系更为紧密，改善了土的物理力学性能，发挥了固化剂的固结作用。这种固结反应，使得加固处理土的强度增高并长期保持稳定。

3. 水泥加固土的室内试验

水泥土搅拌法主要基于水泥对地基土的加固作用。在采用这一方法时，需要了解掺入同数量的水泥之后，给地基土的物理和力学性质所带来的变化。通过水泥土的室内配比试验，可以定量地反映出水泥土强度特性的演变规律，为地基处理设计提供可靠的依据。

（1）水泥土的室内配合比试验

① 试验目的：了解加固水泥的品种、掺入量、水灰比、最佳外掺剂对水泥强度的影响，求得龄期与强度之间的关系，从而为设计计算和施工工艺提供可靠的参数。

② 试验设备：当前主要利用现有的土工试验仪器和砂浆混凝土试验仪器，并且按照土工或砂浆混凝土的试验规程进行。

③ 土样制备：土样应采用工程现场所要加固的土。一般分为以下三种：

a. 风干土样。将现场采取的土样进行风干、碾碎，过2～5mm筛的粉状土样。

b. 烘干土样。将现场采取的土样进行烘干、碾碎，过2～5mm筛的粉状土样。

c. 原状土样。将现场采取的天然土立即用厚聚氯乙烯塑料袋封装，基本保持天然

含水量。

④ 固化剂：可采用不同品种、不同强度等级的水泥。水泥出厂日期不应超过 3 个月，并应在试验前重新测定其强度等级。

⑤ 水泥掺入比：水泥掺入比 a_w 可按式（5-29）计算：

$$a_w = （掺加的水泥量/被加固软土的天然湿重）\times 100\% \quad (5\text{-}29)$$

目前水泥掺量一般为 180～250kg/m^3，最常用的掺入比为 7%～20%。

⑥ 外掺剂：为了改善水泥土的性能，提高其强度，加快水泥土的凝结或防腐，除了可采用木质素磺酸钙、石膏、三乙醇胺、氯化钠、氯化钙和硫酸钠等外掺剂之外，还可掺入不同比例的粉煤灰。

⑦ 试件的制作和养护：根据配方分别称量土、水泥、外掺剂和水，将粉状土料和水泥一同放入搅拌器中拌和均匀，然后用喷水设备将水均匀地喷洒在水泥土上进行均匀拌和，在选定的试模（70.7mm×70.7mm×70.7mm）内装入一半试料，放在振动台上振动 1min 之后，装入其余的试样再振动 1min。振捣方法可采用人工捣实成型。最后将试件表面刮平，盖上塑料布以防止水分蒸发过快。试样成型以后，根据水泥土的强度来确定拆模时间，一般为 1～2d。为了保证其湿度，拆模后的试件要装入塑料袋内，封闭后置于水中，进行标准水中养护。

（2）试验结果的整理和分析

① 水泥土的物理性质

a. 含水量。水泥土在硬化过程中，由于会产生水泥水化等反应，使部分自由水以结晶水的形式固定下来，故水泥土的含水量略低于原土样的含水量，一般减少 0.5%～7.0%，且会随着水泥掺入比的增加而减小。

b. 重度。由于拌入软土中的水泥浆，其重度与软土接近，而且水泥土的重度与天然土相差不大，仅比天然软土增加 0.5%～3.0%。所以采用水泥搅拌法加固厚层软土地基时，其加固部分对于下部来说不致产生过大的附加荷重，也不会产生较大的附加沉降。

c. 相对密度。由于水泥的相对密度为 3.1，比一般土的相对密度（2.65～2.75）要大，所以水泥土的相对密度比天然土的相对密度稍大，一般增加 0.7%～2.5%，而且增加幅度还会随着水泥掺入比的增大而增大。

d. 渗透系数。水泥土渗透系数将会随着水泥掺入比的增大和龄期的增长而减小，一般可达 10^{-5}～10^{-8}cm/s 数量级。

2）水泥土的力学性质

a. 无侧限抗压强度。水泥土的无侧限抗压强度一般为 300～4000kPa，达到一定龄期之后，其变形特征将会随着强度的不同而介于脆性体与弹塑性体之间。在水泥土受力的开始阶段，应力与应变关系基本上符合胡克定律；当外力达到极限强度的 70%～80%时，其应力和应变关系便不再保持直线关系。当外力达到极限强度时，对于强度大于 2000kPa 的水泥土很快就会出现脆性破坏；对强度小于 2000kPa 的水泥土则表现为塑性破坏。影响水泥土抗压强度的主要因素有以下几点：

（a）水泥掺入比 a_w。水泥土强度一般会随着 a_w 的增加而增大，如图 5-9 所示，当 $a_w<5\%$ 时，由于水泥与土的反应过弱，水泥土的固化程度低，强度离散性也较大，故

要求水泥掺入比应大于5%。

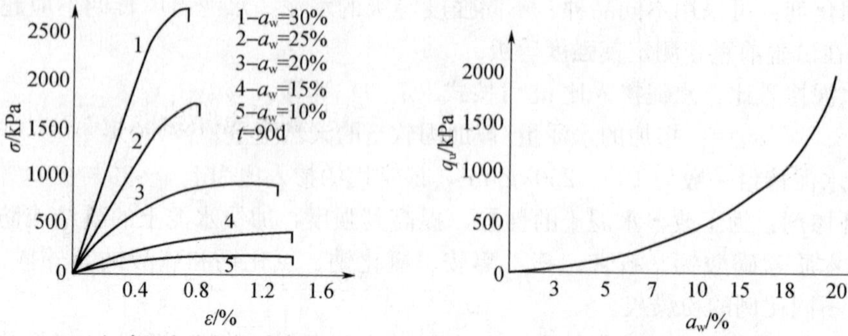

(a) 水泥土的应力-应变关系　　(b) 水泥掺入比与强度的关系

图5-9　水泥掺入比与其抗压强度之间的关系

(b) 龄期。强度一般会随着龄期的增长而提高，通常在龄期超过28d后仍有明显增长。当采用42.5级的普通硅酸盐水泥时，掺入比为12%～15%，90d龄期水泥土的无侧限抗压强度试验值可取 $f_{cu90}=1.0\sim2.0$MPa（经验值）。当龄期超过3个月以后，水泥土的强度则会增长缓慢。180d的水泥土强度为90d的1.25倍，而180d后水泥土强度仍在继续增长。

为了降低造价，对于承重搅拌桩试块，国内外都取90d龄期作为标准龄期；而对于起支挡作用承受水平荷载的搅拌桩，为了缩短养护期，水泥土强度标准则取28d龄期作为标准龄期。不同龄期的水泥土抗压强度之间的关系基本呈线性关系，其经验关系式如下：

$$f_{cu7}=(0.47\sim0.63)f_{cu28};\ f_{cu14}=(0.62\sim0.80)f_{cu28}$$
$$f_{cu60}=(1.15\sim1.46)f_{cu28};\ f_{cu90}=(1.43\sim1.80)f_{cu28}$$
$$f_{cu90}=(2.37\sim3.73)f_{cu7};\ f_{cu28}=(1.73\sim2.82)f_{cu14} \tag{5-30}$$

上述公式中，f_{cu7}、f_{cu14}、f_{cu28}、f_{cu60}、f_{cu90} 分别为7d、14d、28d、60d、90d龄期的水泥土无侧限抗压强度。

(c) 水泥强度等级。水泥强度等级提高10级，水泥土强度 f_{cu} 就会增大20%～30%，如要求达到相同强度，水泥强度等级提高10级，则可使水泥掺入比 a_w 降低2%～3%。

(d) 土样含水量。水泥土的无侧限抗压强度 f_{cu} 会随着土样含水量的降低而增大。一般情况下，土样含水量每降低10%，则 f_{cu} 便可增加10%～50%。

(e) 土样有机质含量。有机质会使土体具有较大的水溶性、塑性、膨胀性和低渗透性，并使软土具有酸性，这些都将阻碍水泥水化反应的进行，使加固效果变差。

(f) 外掺剂。早强剂可选用三乙胺、氯化钙或水玻璃等材料，其掺入量宜分别取水泥质量的0.05%、2%、0.5%或2%；减水剂可选木质素磺酸钙，掺入量宜取水泥质量的2%，掺加粉煤灰的水泥土，其强度可提高10%左右。

(g) 养护方法。养护方法对水泥土抗压强度的影响主要表现在养护环境的温、湿度上。国内外试验资料表明，养护方法对短龄期水泥土强度的影响很大，但随着龄期的增长，不同养护方法下的水泥土无侧限强度则趋于一致，这说明养护方法对水泥土后期强度的影响较小。

b. 抗拉强度。水泥土的抗拉强度 σ_t 一般随着无侧限抗压强度 f_{cu} 的增长而提高。当水泥土的抗压强度 f_{cu}=0.55～4.0MPa 时，其抗拉强度 σ_t=0.05～0.7MPa，即有

$$\sigma_t = (0.06 \sim 0.30)\ f_{cu} \tag{5-31}$$

c. 抗剪强度。水泥土的抗剪强度一般随着抗压强度的增加而提高。当 f_{cu}=0.3～4.0MPa 时，其黏聚力 c=0.1～1.0MPa，为 f_{cu} 的 20%～30%，其内摩擦角的变化通常在 20°～30°之间。水泥土在三轴剪切试验中受剪破坏时，试件有清楚而平整的剪切面，剪切面与最大主应力面之间的夹角约为 60°。

d. 变形模量。当垂直应力达到 50%无侧限抗压强度时，水泥土的应力与应变的比值即称为水泥土的变形模量，通常以 E_{50} 来表示。水泥十的变形模量 E_{50}=（80～150）f_{cu}，水泥土破坏时的轴向应变 ε_f=1%～2%，呈脆性破坏。

e. 水泥土的压缩系数和压缩模量。水泥土的压缩系数一般为（2.0～3.5）$\times 10^{-5}$ kPa^{-1}，压缩模量 E_s=60～100MPa。

f. 水泥土的渗透系数。水泥掺入比为 7%～15%时，水泥土的渗透系数可达到 10^{-8}cm/s 的数量级，具有明显的抗渗、隔水作用。

上述经验数值仅适用于一般的软黏土，而不适用于有机质土和泥炭土。

（3）水泥土抗冻性能

试验表明，自然冰冻不会对水泥土的深部结构造成破坏。因此，只要温度不低于－10℃，冬期施工时就可采用水泥土搅拌法。

4. 水泥加固土的现场试验

（1）试验目的

① 根据水泥土室内配比试验的最佳配方，进行现场成桩工艺试验。

② 在相同的水泥掺入比条件下，求出室内试块与现场桩身强度之间的关系。

③ 比较不同桩长与不同桩身强度的单桩承载力。

④ 确定桩土共同作用的复合地基承载力。

（2）试验方法

① 在桩身不同部位切取试件，运回实验室内分割成与室内试块尺寸相同的试块，在相同龄期时做室内、外试块强度之间关系的比较试验，也可将整段的桩体取回实验室，进行单轴抗压强度试验，真实地反映水泥土搅拌桩体的力学性能。

② 为了解复合地基中桩、土反力分布和应力分担的情况，可在试验荷载板下的不同部位埋设土压力盒，进行单桩承载力试验和桩土复合地基承载力试验。单桩承载力试验和复合地基承载力试验的具体方法可参照相关规范执行。

（3）试验结果

① 正常情况下，现场水泥土强度为室内水泥土试验强度的 0.2～0.5 倍，即有

$$f_{cuf} = (0.2 \sim 0.5)\ f_{cuk} \tag{5-32}$$

② 单桩承载力设计值和复合地基承载力设计值可根据荷载试验 $p-s$ 曲线获得，取 s/b（或 s/d）=0.01 所对应的荷载。

③ 水泥土搅拌桩极限承载力与承载力特征值的匹配是保证加固质量的关键。

5.5.2　设计计算

1. 水泥土搅拌桩复合地基的特点及单桩承载力计算

(1) 水泥搅拌桩复合地基的特点

① 加固区是由基体(天然地基土体)和增强体两部分组成的，具有非均质性及各向异性的特点。

② 在结构荷载的作用下，基体和增强体共同承担荷载的作用。这一特征使复合地基有别于桩基础。

从某种意义上来讲，水泥土搅拌桩复合地基介于均质地基和桩基之间。

在诸多复合地基中，水泥土搅拌桩复合地基是最典型的复合地基。它是由水泥土搅拌桩与桩间天然土体所形成的复合地基，属于柔性桩复合地基的范畴。由于它充分利用了原状土体的承载能力，所以在施工实践中得到了广泛的应用。

经过十几年的施工实践，水泥土搅拌桩复合地基的设计理论已日趋成熟。在介绍水泥搅拌桩复合地基的设计理论之前，必须先了解水泥土搅拌桩(单桩)的承载特性。

(2) 水泥土搅拌桩的承载特性

某典型水泥土搅拌桩的现场静载试验所得出的荷载-沉降曲线如图 5-10 所示，该曲线表示该桩桩身不同深度处的荷载沉降关系。从图中可以看出，水泥土搅拌桩在承受竖向荷载时，桩体的变形是逐渐增加的。荷载沉降关系曲线上并无明显的拐点，这说明桩侧摩擦阻力是与其压缩变形大小相对应的，自上而下逐渐发挥，这是典型的柔性桩的承载性状。此外，从图中还可以看出，在同一桩顶荷载的作用下，桩身位置越深，沉降量就越小，在近桩端处沉降量更小。

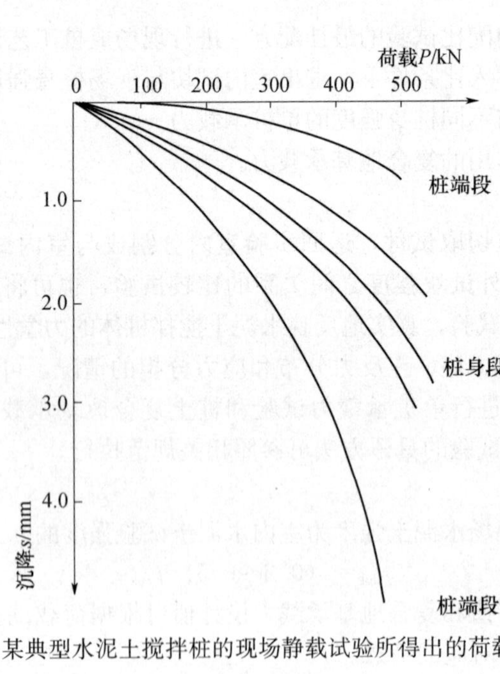

图 5-10　某典型水泥土搅拌桩的现场静载试验所得出的荷载-沉降曲线

柔性桩的这种承载特性在理论分析中也得到了证实，图 5-11 所示为理论分析得出的某水泥土搅拌桩(单桩)在不同深度处的荷载-沉降关系曲线，图 5-12 所示为轴向荷载沿深度方向的变化规律。

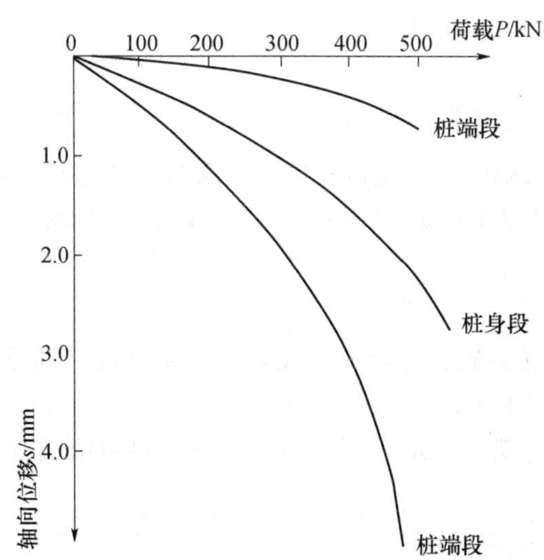

图 5-11　某水泥土搅拌桩的荷载-沉降曲线

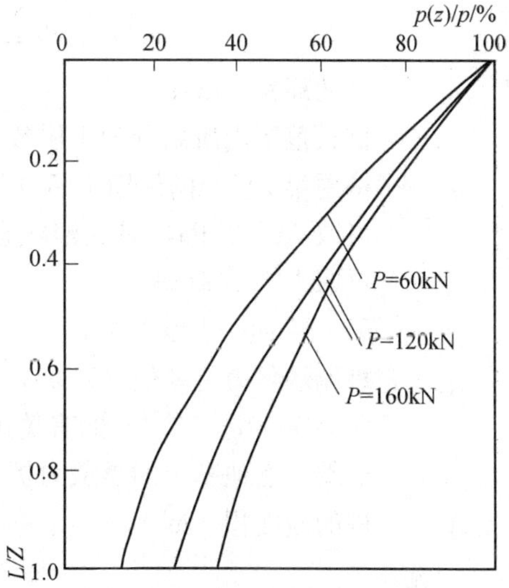

图 5-12　轴向荷载沿深度方向的变化规律

综合图 5-10 和图 5-11 可见，与刚性桩不同的是，水泥土搅拌桩在上部荷载的作用下，由于桩体的逐渐压缩变形，荷载沿深度方向的传递是急剧衰减的。即水泥土搅拌桩的受力与变形主要发生于桩体的上部，而桩体下部的受力与变形均较小。

水泥土搅拌桩的这种承载性状可归纳为以下两点：

① 在桩顶荷载的作用下，水泥土搅拌桩的沉降主要是由桩身压缩而引起的，且桩身上部的压缩量比下部要大，到桩端几乎接近于零。

② 由于桩身上部的压缩较大，故桩周摩阻力在桩身上部得到了充分的发挥，类似纯摩擦桩的特征。

根据搅拌桩的上述承载性状可知，对一定的地质条件，搅拌桩应有一临界桩长。当桩长超过该临界桩长时，超过部分的桩体承载作用实际很小，甚至不起作用。根据理论分析可以得出临界桩长的计算公式如下：

$$L_{cr}=\lambda \cdot D \cdot \left(\frac{E_p}{E_s}\right)^{\frac{1}{2}} \tag{5-33}$$

式中　L_{cr}——临界桩长（m）；

D——桩径（m）；

E_p、E_s——桩、土的变形模量（MPa）；

λ——与土体泊松比有关的参数。

由式（5-33）可知，临界桩长与桩径、桩体刚度有关。施工实践中，在桩体上部 1/3 桩长的范围内采取复喷以提高该段桩体刚度的目的是在不增加桩长的前提下提高桩的承载力。

（3）单桩竖向承载力的计算

单桩竖向承载力特征值应通过现场单桩载荷试验来确定，初步设计时也可按式（5-34）进行估算，并应同时满足式（5-35）的要求，应使由桩身材料强度确定的单桩承载力大于（或等于）由桩周土和桩端土的抵抗力所提供的单桩承载力。

$$R_a \geqslant u_p \sum_{1}^{n} q_{si} l_i + \alpha q_p A_p \quad (5\text{-}34)$$

式中 u_p——桩的周长（m）；

n——桩长范围内所划分的土层数；

q_{si}——桩周第 i 层土的侧阻力特征值（kPa），对淤泥可取 4～7kPa，对淤泥质土可取 6～12kPa，对软塑状态的黏土可取 10～15kPa，对可塑状态的黏土可取 12～18kPa；

l_i——第 i 层土的厚度（m）；

q_p——桩端端阻力特征值（kPa），可按现行国家标准《建筑地基基础设计规范》（GB 50007—2011）的有关规定确定；

α——桩端天然地基土的承载力折减系数，可取 0.4～0.6，承载力高时取低值；

A_p——桩的截面积（m^2）。

$$R_a \geqslant \eta f_{cu} A_p \quad (5\text{-}35)$$

式中 f_{cu}——与搅拌桩桩身水泥土配比相同的室内加固土试块在标准养护条件下，90d 龄期的立方体抗压强度平均值（kPa）；

η——桩身强度折减系数，对干法可取 0.20～0.30，对湿法可取 0.25～0.33。

在单桩设计时，承受垂直荷载的搅拌桩一般应使土对桩的支承力近似于桩身强度所确定的承载力，并使后者略大于前者最为经济。因此，搅拌桩的设计主要是为了确定桩长和选择水泥掺入比。

2. 水泥土搅拌桩复合地基的设计计算

加固后，水泥土搅拌桩复合地基承载力特征值应通过现场复合地基载荷试验来确定，也可按式（5-36）计算：

$$f_{spk} = m\frac{R_a}{A_p} + \beta(1-m) f_{sk} \quad (5\text{-}36)$$

式中 f_{spk}——复合地基承载力特征值（kPa）；

m——面积置换率；

R_a——单桩竖向承载力特征值（kN）；

A_p——桩的截面积（m^2）；

β——桩间土承载力折减系数，当桩端土未经修正的承载力特征值大于桩周土的承载力特征值的平均值时，可取 0.1～0.4，差值大时取低值；当桩端土未经修正的承载力特征值小于或等于桩周土的承载力特征值的平均值时，可取 0.5～0.9，差值大或设置褥垫层时均取高值；

f_{sk}——处理后桩间土承载力特征值（kPa），宜按当地经验取值，如无经验时，可取天然地基承载力特征值。

根据设计要求的单桩竖向承载力特征值 R_a 和复合地基承载力特征值 f_{spk} 来计算搅拌桩的置换率 m 和总桩数 n'，即

$$m = \frac{f_{spk} - \beta f_{sk}}{\frac{R_a}{A_p} - \beta f_{sk}} \quad (5\text{-}37)$$

$$n'=\frac{m\cdot A}{A_p} \tag{5-38}$$

式中 A——地基加固的面积（m^2）。

根据求得的总桩数n'进行搅拌桩的平面布置。桩的平面布置可采用柱状、壁状和块状三种形式。布置时要考虑以充分发挥桩的摩阻力和便于施工为原则。

考虑水泥土搅拌桩复合地基的变形协调，引入折减系数β。β的取值与桩间土和桩端土的性质、搅拌桩的桩身强度及承载力、养护龄期等因素有关。桩间土较好、桩端土较弱、桩身强度较低、养护龄期较短，则取高值；反之，则取低值。β的取值还应根据建筑物对沉降要求的不同而有所区别。当建筑物对沉降要求控制较为严格时，即使桩端是软土，β也应取小值，这样比较安全；当建筑物对沉降要求控制不太严格时，即使桩端为硬土，β也可取大值，这样比较经济。

3. 水泥土搅拌桩复合地基的变形计算

水泥土搅拌桩复合地基的变形s应为搅拌桩复合土层的平均压缩变形s_1与桩端下未加固土层的压缩变形s_2之和，即

$$s=s_1+s_2 \tag{5-39}$$

水泥土搅拌桩复合土层的压缩变形s_1可按式（5-40）计算：

$$s_1=\frac{p_z+p_{z1}}{2E_{sp}} \tag{5-40}$$

式中 p_z——搅拌桩复合土层顶面的附加压力值（kPa）；

p_{z1}——搅拌桩复合土层底面的附加压力值（kPa）；

E_{sp}——搅拌桩复合土层的压缩模量（kPa），可按式（5-41）计算：

$$E_{sp}=mE_p+(1-m)E_s \tag{5-41}$$

式中 E_p——搅拌桩的压缩模量（kPa），可取（100～120）f_{cu}，对桩长较短或桩身强度较低者可取低值，反之可取高值；

E_s——桩间土的压缩模量（kPa）。

桩端以下未加固土层的压缩变形s_2可按现行国家标准《建筑地基基础设计规范》（GB 50007—2011）的有关规定进行计算。

5.5.3 施工工艺

1. 浆体搅拌法

（1）设备组成

国产水泥土搅拌机的搅拌头大多采用双层（或多层）十字杆形或叶片螺旋形。常用搅拌机的型号有SJB1型、SJB2型、GZB－600型、ZKD65－3型、ZKD85－3型等，其配套机械主要有灰浆搅拌机、集料斗、灰浆泵、压力胶管和电气控制柜等。

（2）水泥土搅拌桩法的施工工艺流程

① 定位。起重机（或塔架）悬吊搅拌机到达指定桩位并对中。

② 预搅下沉。待搅拌机冷却水循环正常后，启动搅拌机沿导向架搅拌切土下沉。

③ 制备水泥浆。按照设计确定的配合比搅制水泥浆，待压浆前将水泥浆倒入集料斗中。

④ 提升喷浆搅拌。搅拌头下沉至设计深度后，开启灰浆泵将水泥浆液泵入压浆管路中，边提搅拌头边回转搅拌制桩。

⑤ 重复上下搅拌。搅拌机提升至设计加固深度的顶面标高时，集料斗中的水泥浆应正好排空。为使软土和水泥浆搅拌均匀，可再次将搅拌机边旋转边沉入土中，至设计加固深度后再将搅拌机提升出地面。

⑥ 清洗。向集料斗中注入适量清水，开启灰浆泵，清洗全部注浆管路直到基本干净为止。

⑦ 移位。重复上述步骤①～⑥，再进行下一根桩的施工。

由于搅拌桩顶部与上部结构及基础或承台接触部分的受力较大，所以通常还可对桩顶 1.0～1.5m 范围内再增加一次搅浆，以提高其强度。

(3) 施工操作要点

① 搅拌头翼片的枚数、宽度，应与搅拌轴的垂直夹角、搅拌头的回转数、提升速度相互匹配，以确保加固深度范围内土体的任何一点均能经过 20 次以上的搅拌。

每遍搅拌次数 N 可按式（5-42）计算：

$$N=\frac{nh\cos\beta\sum Z}{V} \tag{5-42}$$

式中 n——搅拌头的回转数（r/min）；

h——搅拌叶片的宽度（m）；

β——搅拌叶片与搅拌轴之间的垂直夹角（°）；

$\sum Z$——搅拌叶片的总枚数；

V——搅拌头的提升速度（m/min）。

② 施工之前应确定灰浆泵的输浆量、灰浆经输浆管到达搅拌机浆口的时间和起吊设备提升速度等施工参数，并根据设计要求通过工艺性成桩试验来确定施工工艺。

施工中喷浆提升速度 v 可按式（5-43）计算：

$$v=\frac{\gamma_d Q}{F\gamma a_w(1+\lambda)} \tag{5-43}$$

式中 v——搅拌头喷浆提升速度（m/min）；

γ_d——水泥浆的重度（kN/m^3）；

γ——土的重度（kN/m^3）；

Q——灰浆泵的排量（m^3/min）；

F——搅拌桩的截面积（m^2）；

a_w——水泥掺入比；

λ——水泥浆的水灰比。

③ 所使用的水泥均应过筛，制备好的浆液不得离析，泵送必须连续。拌制水泥浆液的罐数、水泥和外掺剂的用量以及泵送浆液的时间等应有专人记录；喷浆量及搅拌深度必须采用经国家计量部门认证的监测仪器进行自动记录。

④ 搅拌机喷浆提升的速度和次数必须符合施工工艺的要求，并应有专人记录。

⑤ 当水泥浆液到达出浆口以后，应喷浆搅拌 30s，在水泥浆与桩端土充分搅拌之后，方可提升搅拌头。

⑥ 搅拌机预搅下沉时不宜冲水，当遇到硬土层下沉太慢时，方可适量冲水，但应考虑冲水对桩身强度所产生的影响。

⑦ 施工时如因故停浆，则应将搅拌头下沉至停浆点以下 0.5m 处，待恢复供浆时再喷浆搅拌提升。若停机时间超过 3h，则宜拆卸输浆管路，并进行妥善清洗。

壁状加固时，相邻桩的施工时间间隔不宜超过 24h。如间隔时间太长，与相邻桩无法搭接时，则应采取局部补桩或注浆等补强措施。

⑧ 竖向承载搅拌桩施工时，停浆（灰）面应高于桩顶设计标高 300～500mm。在开挖基坑时，应人工挖除搅拌桩顶端施工质量较差的桩段。

⑨ 施工中应保持搅拌桩机底盘的水平和导向架的竖直，搅拌桩的垂直偏差不得超过 1%，桩位的偏差不得大于 50mm，成桩直径和桩长均不得小于设计值。

2. 粉体搅拌法

（1）设备组成

粉体搅拌法的施工机具和设备有 GPF-5 型（或 GPP-5 型）钻机、SP3 型（或 YP-1 型）粉体发送器、空气压缩机、搅拌钻头等。搅拌钻头的直径一般为 500～700mm，钻头形式应保证在反向旋转提升时，对加固土体有压密作用。

（2）施工工序

① 放样定位。

② 移动钻机，准确对孔，对孔误差应不大于 50mm。

③ 利用支腿油缸调平钻机，钻机主轴的垂直度误差应不大于 1%。

④ 启动主电动机，按照施工要求，以Ⅰ、Ⅱ、Ⅲ挡逐渐加速顺序，正转预搅下沉，钻至接近设计深度时，宜采用低速慢钻，从预搅下沉开始直到喷粉结束为止，应在钻杆内连续输送压缩空气。

⑤ 使用粉体材料，除了水泥之外，还有石灰、石膏及矿渣等，也可使用粉煤灰作为掺加料。在国内工程中，经常使用的主要是水泥材料。使用水泥粉体材料时，宜选用 42.5 级的普通硅酸盐水泥，其掺和量通常为 180～240kg/m^3，若使用低于 42.5 级的普通硅酸盐水泥或选用矿渣水泥、火山灰水泥或其他品种的水泥时，使用前必须在室内进行各种配合比试验。

提升喷粉搅拌，在确定已喷粉加固至孔底时，按 0.5m/min 的速度反转提升。当提升至设计停灰标高后，应慢速原地搅拌 1～2min。成桩过程中因故停止喷粉时，应将搅拌头下沉至停灰面以下 1m 处，待恢复喷粉时再喷粉搅拌提升。

喷粉压力一般宜控制在 0.25～0.4MPa，灰罐内的气压要比管道内的气压高0.02～0.05MPa。若在地基土天然含水量小于 30%的土层中喷粉成桩时，则应采用地面注水搅拌工艺。

⑥ 重复搅拌。为保证粉体搅拌均匀，必须再次将搅拌头下沉至设计深度。提升搅拌头速度宜控制在 0.5～0.8m/min。

⑦ 为防止空气污染，在提升喷粉距离地面 0.5m 处应减压或停止喷粉。

⑧ 提升喷粉的过程中，必须有自动计量装置。该装置为控制和检验喷粉桩的关键。

⑨ 钻具提升至地面以后，钻机移位对孔，按照上述步骤进行下一根桩的施工。

设计上要求搭接的桩体必须连续施工，一般相邻桩的施工间隔时间不超过 8h。

5.5.4 效果及质量检验

水泥土搅拌桩的质量控制应贯穿于施工的全过程，并应坚持全过程的施工监理。施工过程中必须随时检查施工记录和计量记录，并按照规定的施工工艺对每根桩进行质量评定。检查重点是：水泥用量、桩长、搅拌头转数和提升速度、复搅次数和复搅深度、停浆处理方法等。

水泥土搅拌桩的施工质量检验可采用下列方法：

① 成桩3d内，可采用轻型动力触探（N_{10}）检查上部桩身的均匀性，检查数量为施工总桩数的1%，且不少于3根。

② 成桩7d后，采用浅部开挖桩头进行检查，开挖深度宜超过停浆（灰）面以下0.5m，检查搅拌的均匀性，量测成桩直径。检查数量不少于总桩数的5%。

③ 静荷载试验宜在成桩28天后进行。水泥土搅拌桩复合地基承载力检验应采用复合地基静荷载试验和单桩静荷载试验，验收检验数量不少于总桩数的1%，复合地基静荷载试验数量不少于3根。

④ 对变形有严格要求的工程，应在成桩28d后，采用双管单动取样器钻取芯样做水泥土抗压强度检验，检验数量为施工总桩数的0.5%，且不少于6点。

⑤ 基槽开挖后，应检验桩位、桩数与桩顶质量，如不符合设计要求，应采取有效的补救措施。

质量检验中应注意如下问题：

静荷载试验是检验承载力特征值最可靠的方法。水泥土搅拌桩通常是摩擦桩，所以荷载试验结果一般不出现明显的拐点。承载力特征值可按沉降的变形条件s/b或s/d为0.006来选取，其中s为荷载试验承压板的沉降量，b和d分别为承压板的宽度和直径。

需要注意的是，一般桩的荷载试验均在成桩28d后进行，而设计时的参数均以90d的标准选取；因此需要考虑龄期对试验测得结果（复合地基承载力）的影响，其换算关系一般认为28d推算至90d的单桩承载力，可乘以1.2～1.3的系数（主要与单桩试验的破坏模式有关）；28d推算至90d的单桩复合地基承载力，可乘以1.1左右的系数（主要与桩土模量比例等因素有关）。

5.6 高压喷射注浆法

5.6.1 加固原理

1. 高压喷射流的种类与性质

（1）高压水喷射流的性质

高压水喷射流是通过高压发生设备，使液体获得巨大压力后，从直径很小的孔（喷嘴），以特定的流体运动方式和很高的速度连续喷射出来的一股液流。在高压高速的条件下，从喷嘴中射出的喷射流具有很大的能量。

通过流体力学可知，高压连续射流的速度和流量计算公式为：

$$v_0=\varphi\sqrt{\frac{2gp}{\gamma}} \tag{5-44}$$

式中　v_0——喷嘴的出口流速（m/s）；

p——喷嘴的入口压力（Pa）；

γ——水的重度（kN/m^3）；

g——重力加速度（m/s^2）；

φ——喷嘴流速系数，良好的圆锥形喷嘴 $\varphi\approx0.97$。

由 $Q=F_0\cdot v_0$ 和式（5-44）可得

$$Q=\mu F_0\varphi\sqrt{\frac{2gp}{\gamma}} \tag{5-45}$$

式中　Q——喷嘴的流量（m^3/s）；

μ——流量系数，圆锥形喷嘴 $\mu\approx0.95$；

F_0——喷嘴的出口面积（m^2）。

高压连续射流的功率为：

$$N=A/t=pV/t=pQ \tag{5-46}$$

式中　A——喷射压力所做的功（N·m）；

V——喷嘴射流的体积（m^3）；

t——喷射时间（s）；

N——喷射流的功率((N·m)/s)。

将式（5-45）代入式（5-46）中，并按 1kW=1000（N·m）/s 进行换算，整理得出喷射功率计算公式：

$$N=3p^{3/2}d_0^2\times10^{-9} \tag{5-47}$$

式中　N——喷射流的功率（kW）；

d_0——喷嘴直径（cm）；

p——泵压（Pa）。

给定喷射流一组压力，其速度和功率之间的关系见表 5-4。

表 5-4　喷射流的速度与功率

喷嘴压力 P/Pa	喷嘴出口孔径 d_0/cm	流速系数 φ	流量系数 μ	射流速度 v_0/（m/s）	喷射功率 N/kW
10×10^6	0.30	0.963	0.946	136	8.5
20×10^6	0.30	0.963	0.946	192	24.1
30×10^6	0.30	0.963	0.946	243	44.4
40×10^6	0.30	0.963	0.946	280	68.3
50×10^6	0.30	0.963	0.946	313	95.4

注：表中流速系数和流量系数为收敛圆锥 13°24′角喷嘴的水力试验值。

（2）高压喷射流的种类和构造

高压喷射注浆所采用的喷射流共有四种：第一种是单管喷射流，其为单一的高压水泥浆液喷射流；第二种是二重管喷射流，其为高压浆液喷射流与其外部环绕的压缩空气喷射流组合而成的复合式高压喷射流；第三种是三重管喷射流，其由高压水喷射流与其外部环绕的压缩空气喷射流组成，以及注射水泥浆液填空亦称为复合式高压喷射流；第四种是多重管喷射流，其为高压水喷射流。这四种喷射流破坏土体的效果不同，但按其构造可划分为单液高压喷射流和水（浆）、气同轴喷射流两种类型。

① 单液高压喷射流的构造

单管旋喷注浆使用高压喷射水泥浆流和多重管的高压水喷射流，如图 5-13 所示的射流构造可以对高压水连续喷射流在空气中的模式予以说明。高压喷射流可由保持出口压力 P_0 的初期区域 A、紊流发达的主要区域 B 和喷射水变成不连续喷流的终期区域 C 三个部分组成。

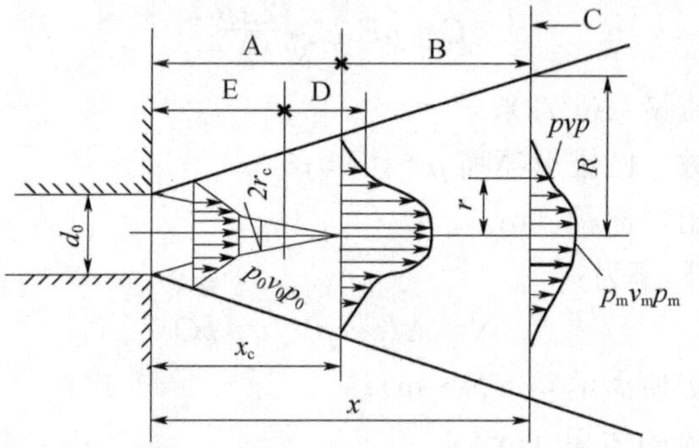

图 5-13 高压喷射流的构造

在初期区域中，喷嘴出口处的速度分布是均匀的，轴向动压是常数，保持速度均匀的部分随着喷射距离的增加逐渐变小，当达到某一位置后，断面上的流速分布不再是均匀的了。速度分布保持均匀的这一部分称为喷射核（即 E 区段），喷射核末端扩散宽度稍有增加，轴向动压有所减小的过渡部分称为迁移区（即 D 区段）。初期区域的长度是喷射流的一个重要参数，可据此判断破碎土体和搅拌效果。射流进入主要区域 B 内，轴向动压陡然减弱，喷射扩散的宽度与距离的平方根成正比，扩散率为常数，喷射流的混合搅拌在这一部分内进行，射流进入终期区域 C 时，喷射流能量衰减很大，末端呈雾化状态，这一区域的喷射能量较小。

喷射加固的有效喷射长度为初期区域长度和主要区域长度之和，若有效喷射长度越长，则搅拌土的距离越大，喷射加固体的直径也越大。

压力高达 10～40MPa 的喷射流压力衰减规律可采用式（5-48）估算：

$$H_L = Kd^{1/2}\frac{H_0}{L^n} \tag{5-48}$$

式中 H_0——喷嘴出口的压力水头（m）；

H_L——距离为 L 时，轴流压力的水头（m）；

L——从喷嘴出口起到计算断面的距离（m）；

d——喷嘴的直径（m）；

K、n——系数［适用于 $L=$（50～300）d］，在空气中喷射时，$K=8.3$，$n=0.2$；在水中喷射时，$K=0.16$，$n=2.4$。

② 水（浆）、气同轴喷射流的构造

二重管旋喷注浆的水、气同轴喷射流，与三重管旋喷注浆的水、气同轴喷射流相比，除了喷射介质不同之外，都是在喷射流的外围同轴喷射圆筒状气流的，其构造基本相同。现以二重管旋喷注浆的水、气同轴喷射流为代表，分析其构造。

在初期区域 A 内，水喷流的速度保持为喷嘴出口的速度，但由于水的喷射与空气流相冲撞及喷嘴内部表面不够光滑，以致从喷嘴喷射出的水流较为紊乱，加上空气和水流的相互作用，在高压喷射水流中形成气泡，使喷射流受到干扰，在初期区域末端，气泡与水喷流的宽度一致。

在迁移区域 D 内，高压水喷射流与空气开始混合，出现较多的气泡，在主要区域 B 内，高压水喷射流开始衰减，内部含有大量气泡，气泡逐渐分裂破坏，形成不连续的细水滴状，同轴喷射流的宽度迅速扩大。

水（浆）、气同轴喷射流的初期区域长度可采用式（5-49）来表示：

$$x_c \approx 0.048 v_0 \tag{5-49}$$

式中　v_0——初期流速（m/s）；

　　x_c——初期区域长度（m）。

旋喷时，若高压水、气同轴喷射流的初期速度为 20m/s，则其初期区域的长度x_c＝0.1m，而以高压水喷射流单独喷射时，x_c仅为 0.015m。由此可见，水、气同轴喷射比高压水单独喷射的初期区域长度增加了近 7 倍。

在空气和水中喷射时，水头压力相差很大，一般情况下空气中喷射的有效射程是喷嘴直径的 300 倍，有效射程以外的压力按照指数曲线衰减。试验表明：高速空气具有防止高速水射流动压急剧衰减的作用，在空气和水中喷射压力与距离之间的关系如图 5-14 所示。

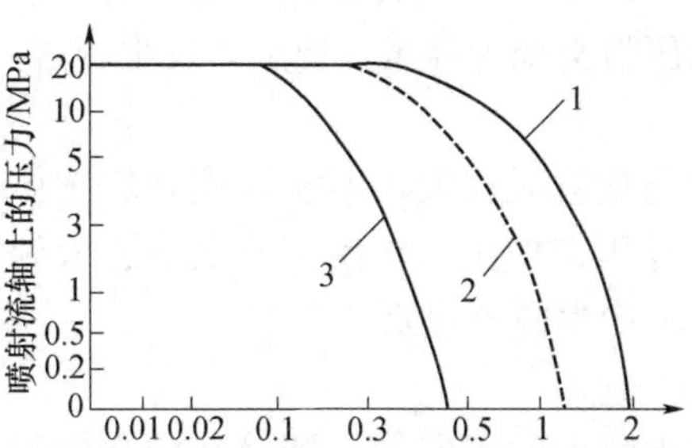

图 5-14　喷射流轴上的水压力与距离之间的关系

1—高压喷射流在空中单独喷射；2—水、气同轴喷射流在水中喷射；3—高压喷射流在水中单独喷射

2. 地基加固机理

（1）高压喷射流对土体的破坏作用

高压喷射流对土体造成破坏的主要机理可归纳为以下几个方面：

① 喷流动压

高压喷射流冲击土体时，由于能量高度集中地作用于一个很小的区域，所以这个区域内的土体结构受到很大的压力作用，当这些外力超过土的临界破坏压力时，土体就发生破坏。高压喷射流的破坏力 p 可按式（5-50）计算：

$$p=\rho Av_m^2=\rho Qv_m \tag{5-50}$$

式中 p——破坏力（$kN \cdot m/s^2$）；

ρ——重度（kN/m^3）；

Q——流量（m^3/s），$Q=Av_m$；

v_m——喷射流的平均速度（m/s）；

A——喷嘴面积（m^2）。

破坏土体结构强度的最主要因素是喷射动压，为了取得更大的破坏力，需要增加平均流速，即需要增加旋喷压力。一般要求高压脉冲泵的工作压力必须在 20MPa 以上，这样才能使射流像刚体一样冲击破坏土体，使土与浆液搅拌混合，凝固成为圆柱状的固结体。

② 喷射流的脉动负荷

当喷射流不停地以脉冲式冲击土体时，土粒表面受到脉动负荷的影响，将会逐渐积累起残余变形，使土粒失去平衡而发生破坏。

③ 水块的冲击力由于喷射流继续锤击土体而产生冲击力，促进破坏的进一步发展。

④ 空穴现象

当土体没有被射出孔洞时，喷射流冲击土体便以冲击面的大气压为基础，产生压力变动，在压力差较大的部位产生空洞，呈现出类似空穴的现象。在冲击面上的土体被气泡的破坏力所侵蚀，而使冲击面发生破坏。此外，空穴中由于喷射流的激烈紊流，也会把较软的土体掏空，造成空穴破坏，使更多的土粒发生破坏。

⑤ 水楔效应

当喷射流充满土层时，由于喷射流具有反作用力而产生水楔，楔入土体裂隙或薄弱部分，此时喷射流的动压将会变为静压，使土体发生剥落，裂隙加宽。

⑥ 挤压力

喷射流在终期区域的能量衰减很大，不能直接破坏土体，但能对有效射程的边界土产生挤压力，对四周土有压密作用，并使部分浆液进入到土粒之间的空隙中，使固结体与四周土紧密相依，不产生脱离现象。

⑦ 气流搅动

当在喷嘴出口的高压水喷流的周围加上圆筒状的空气射流，进行水、气同轴喷射时，空气流会使水或浆的高压喷射流从破坏的土体上将土粒迅速吹散，使高压喷射流的喷射破坏条件得以改善，阻力大大减少，能量消耗降低，从而增大了高压喷射流的破坏能力，并使形成的旋喷固结体的直径较大。

（2）高压喷射成桩的机理

① 旋喷成桩机理

旋喷时，高压射流边旋转边缓慢提升，对周围土体进行切削破坏，被切削下来的一部分细小的土颗粒将会被喷射浆液置换，并被液流携带到地表（冒浆），其余的土颗粒在喷射动压、离心力和重力的共同作用下，就会在横断面按质量大小重新进行分布，形成一种新的水泥土网络结构。土质条件不同，其固结体的结构组成也是有差别的。对于砂土和黏性土，高压旋喷最终固结体横断面的形状如图 5-15 所示。

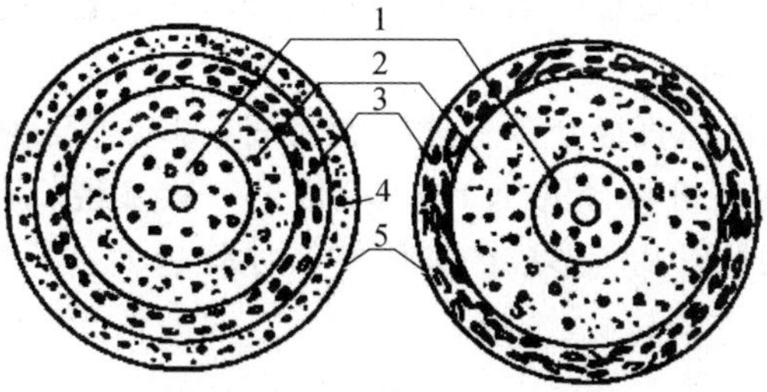

图 5-15　旋喷最终固结体横断面的形状

1—浆液主体部分；2—搅拌混合部分；3 -压缩部分；4—渗透部分；5—硬壳

② 定（摆）喷成壁的机理

定喷施工时，喷嘴在逐渐提升的同时，不旋转或按一定角度摆动，在土体中形成一条沟槽。被冲下的土粒会有一部分被携带流出底面，其余土粒将与浆液搅拌混合，最终形成一个板（墙）状固结体，如图 5-16 所示。固结体在砂土中有一部分渗透层，而在黏性土中则没有渗透层。

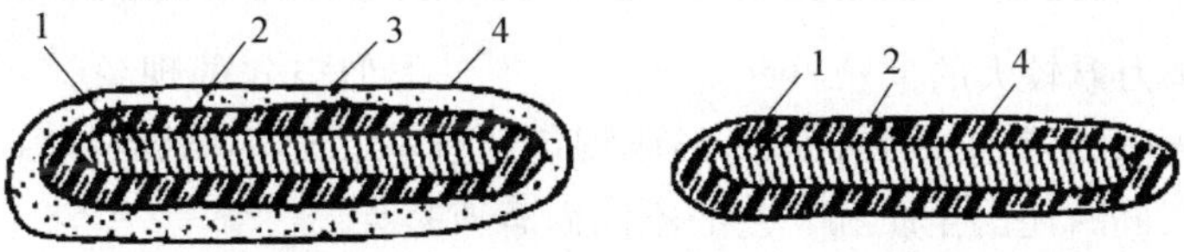

图 5-16　定喷最终固结体横断面的形状

1—浆液主体部分；2—搅拌混合部分；3—液渗透部分；4—硬壳

（3）水泥与土的固化机理

高压喷射主要采用水泥作为硬化剂，并增添防治沉淀或加速凝固的外加剂。旋喷固结体是一种特殊的水泥-土网络结构，水泥土的水化反应要比纯水泥浆复杂得多。

由于水泥土是一种不均匀材料，在高压旋喷搅拌的过程中，水泥和土被混合在一起，土颗粒间被水泥浆所填满。水泥水化后在土颗粒的周围形成了各种水化物的结晶，它们不断地生长，尤其是钙矾石的针状结晶，很快就会生长交织在一起，形成空间网络结构，土体被分隔包围在这些水泥的骨架中，由于土体不断地被挤密，自由水也会随之不断地减少、消失，从而形成一种特殊的水泥土骨架结构。

水泥的各种成分所生成的胶质膜逐渐发展连接成为胶质体，即表现为水泥的初凝状态。

随着水化过程的不断发展，胶质体吸收水分并不断扩大，产生结晶体。结晶体与胶质体相互包围渗透，并达到一种稳定的状态，这种状态就是水泥硬化的开始。水泥的水化过程是一个长久的过程，水化作用不断地深入到水泥的微粒中，直到水分被完全吸收，胶质凝固结晶充满为止。在这个过程中，固结体的强度将不断提高。

3. 加固体的基本性状

（1）直径或长度

旋喷固结体的直径大小与土的种类和密实程度有较为密切的关系。对黏性土地基加固，单管旋喷注浆加固体直径一般为0.3～0.8m，三重管旋喷注浆加固体直径可达0.7～1.8m。

二重管旋喷注浆加固体直径介于上述二者之间，多重管旋喷直径为2～4m。定喷和摆喷的有效长度为旋喷桩直径的1.1～1.5倍。一般来说，喷嘴直径越大，喷射流量、喷射流所携带的能量以及所形成的加固体尺寸就越大。各类旋喷桩的设计直径见表5-5。

表5-5　旋喷桩的设计直径　　单位：m

土质	单管法	二重管法	三重管法	
黏性土	$0<N<5$	0.5～0.8	0.8～1.2	1.2～1.8
	$6<N<10$	0.4～0.7	0.7～1.1	1.0～1.6
	$11<N<20$	0.3～0.6	0.6～0.9	0.6～0.9
砂性土	$0<N<10$	0.6～1.0	1.0～1.4	1.5～2.0
	$11<N<20$	0.5～0.9	0.9～1.3	1.2～1.8
	$21<N<30$	0.4～0.8	0.8～1.2	0.9～1.5
砂砾	$20<N<30$	0.4～0.8	0.7～1.2	0.9～1.5

（2）固结体形状

固结体按喷嘴的运动规律不同而形成均匀圆柱状、非均匀圆柱状、圆盘状、板墙状、扇形状等，同时还因土质和工艺的不同而有所差异。

（3）固结体的密度

固结体内部土粒少并含有一定数量的气泡，因此固结体的质量较轻，黏性土固结体比原状土轻约10%，而砂类土固结体则可能比原状土重10%。

（4）固结体的强度

土体经过喷射之后，土粒将会重新排列。由于外侧土颗粒直径大、数量多，浆液成分也多，所以在横断面上中心强度低、外侧强度高，并且在与土交接的边缘处有一圈坚硬的外壳。固结体的强度大小取决于土体的性质和旋喷材料。对于同一浆材配方，软黏土的固结强度要远小于砂土的固结强度，黏性土和黄土中的固结体，其抗压强度可达5～10MPa，砂类土和砂砾层中的固结体，其抗压强度可达8～20MPa，固结体的抗拉强度仅为抗压强度的1/10～1/5。

此外，固结体还具有低渗透性、较强的抗冻性和抗干湿循环作用的能力，并且具有较好的化学稳定性和较大的承载能力。

5.6.2　设计计算

1. 浆液材料配制与现场喷射试验

为了确定喷射浆液的合理配方，必须取现场各层土样，在室内按不同的含水量和配合比进行试验，优选出最合理的浆液配方。对于规模较大及性质较为重要的工程，在设计完成之后，要在现场进行试验，通过试验查明喷射固结体的直径和强度，验证设计的可靠性和安全度。

2. 固结体尺寸确定

固结体尺寸的决定因素主要有以下几种：

① 土的类别及其密实程度。

② 高压喷射注浆方法（注浆管的类型）。

③ 喷射技术参数。包括：喷射压力与流量、喷嘴直径与个数、压缩空气的压力、流量与喷嘴间隙、注浆管的提升速度与旋转速度等。

在没有试验资料的情况下，对于小型或不太重要的工程，固结体的尺寸可根据表 5-5 所列的数值进行选用；对于大型或重要的工程，则应通过现场喷射试验后开挖或钻孔采样来确定。高压喷射注浆法用于深基坑、地铁等工程形成连续体时，相邻桩搭接不宜小于 300mm。

3. 固结体强度确定

固结体强度的决定因素主要包括：土质、喷射材料及水灰比、注浆管的类型和提升速度、单位时间的注浆量。

按照规定，宜取 28d 固结体抗压强度作为设计依据。试验表明，在黏土中，因水泥水化物与黏土矿物发生作用时间较长，28d 后的强度会继续增长，这种强度增长可作安全储备。

一般情况下，黏性土的固结强度为 1.5～5MPa，砂类土的固结强度为 10MPa 左右（单管法为 3～7MPa、二重管法为 4～10MPa、三重管法为 5～15MPa）。通过选用高强度等级的硅酸盐水泥和适当的外加剂，可以提高固结体的强度。

对于大型或重要的工程，应通过现场喷射试验后采样来确定固结体的强度和抗渗透性能。

4. 复合地基承载力计算

采用旋喷桩处理的地基，应按照复合地基设计。旋喷桩地基承载力特征值 f_{sfk} 应通过现场复合地基载荷试验来确定，也可按式（5-51）、式（5-52）计算，或结合当地情况与其土质相似工程的经验来确定。

$$f_{sfk}=\frac{1}{A_p}\left[R_a+\beta f_{sk}(A_e-A_p)\right] \tag{5-51}$$

或

$$f_{spk}=m\frac{R_a}{A_p}+\beta(1-m)f_{sk} \tag{5-52}$$

式中　f_{spk}——复合地基承载力特征值（kPa）；

A_p——桩的截面积（m^2）；

A_e——一根桩承担的处理面积（m^2）；

β——桩间土承载力折减系数，宜按地区经验取值，如无经验时可取 0～0.5，天然地基承载力较高时取大值；

f_{sk}——处理后桩间土承载力特征值（kPa），宜按当地经验取值，如无经验时，可取天然地基承载力特征值；

m——面积置换率，$m=A_p/A_e$；

R_a——单桩竖向承载力特征值（kN），可通过现场单桩载荷试验来确定，也可按式（5-53）和（5-54）计算，并取其中较小值；

$$R_a = \eta f_{ck} A_p \tag{5-53}$$

$$R_a = u_p \sum_{1}^{n} q_{si} l_i + q_p A_p \tag{5-54}$$

式中 f_{cu}——与旋喷桩桩身水泥土配比相同的室内加固土试块（边长为 70.7mm 的立方体），在标准养护条件下 28d 龄期的立方体抗压强度平均值（kPa）；

η——桩身强度折减系数，可取 0.33；

n——桩长范围内所划分的土层数；

q_{si}、q_p——桩周第 i 层土的侧阻力、桩端端阻力特征值（kPa），可按现行国家标准《建筑地基基础设计规范》（GB 50007—2011）的有关规定确定；

l_i——桩周第 i 层土的厚度（m）；

u_p——桩身周长（m），$u_p=\pi\bar{d}$（$\bar{d}$ 为桩的平均直径，m）。

竖向承载旋喷桩的平面布置可根据上部结构和基础特点来确定。独立基础下的桩数一般不应少于 4 根。当旋喷桩处理范围以下存在软弱下卧层时，应按照现行国家标准《建筑地基基础设计规范》（GB 50007—2011）的有关规定进行下卧层承载力验算。

5. 地基变形计算

旋喷桩的沉降计算应为桩长范围内复合土层地基变形值 s_1 以及下卧层地基变形值 s_2 之和，复合土层的压缩变形量 s_1 可按式（5-40）确定，下卧层地基变形值 s_2 应按照《建筑地基基础设计规范》（GB 50007—2011）的有关规定进行计算。

6. 防渗堵水设计计算

防渗堵水工程进行设计时，宜按双排或三排布孔形成帷幕。孔距为 $1.73R_0$（R_0 为旋喷设计半径）、排距为 $1.5R_0$ 最为经济，如图 5-17 所示。防渗帷幕应尽量插入不透水层，以保证不发生管涌。防渗帷幕若在透水层中，一方面应采取降水措施，另一方面则应增加插入深度。

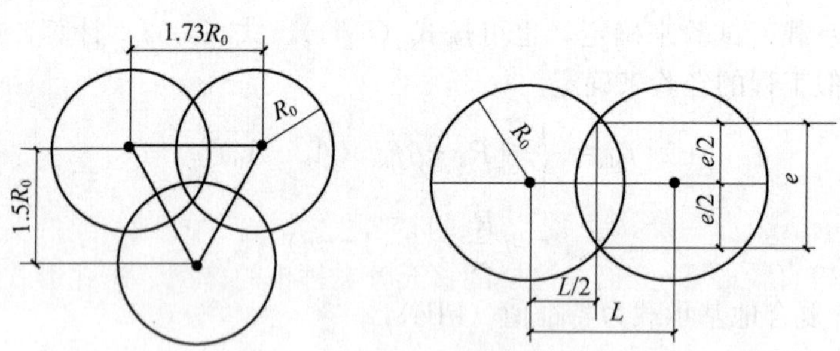

图 5-17　布孔孔距和旋喷注浆固结体交联图

如果想增加每一排旋喷桩的交圈厚度，则可适当缩小孔距，孔距的大小应按式（5-55）计算：

$$e=2\sqrt{R_0^2-\left(\frac{L}{2}\right)^2} \tag{5-55}$$

式中 e——旋喷桩的交圈厚度（m）；

R_0——旋喷桩的半径（m）；

L——旋喷桩的孔位间距（m）。

定喷和摆喷是常用的防渗堵水方法，由于喷射出的板墙薄而长，不但成本比旋喷低，而且整体连续性也好。

定喷连接时相邻孔的布置形式如图 5-18 所示，为了保证定喷板墙能够连接成一帷幕，各板墙间要采用搭接的形式。

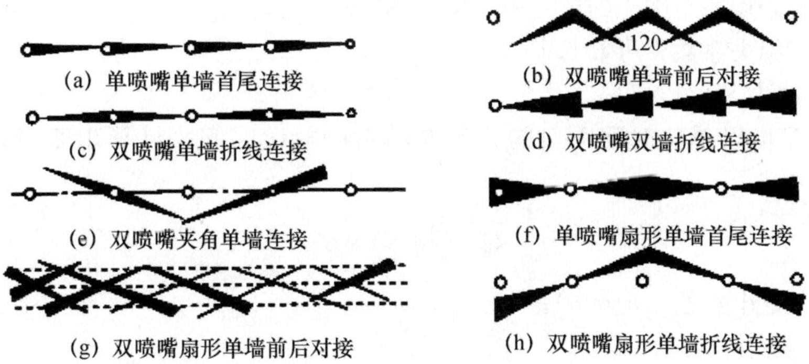

图 5-18　定喷帷幕的形式

摆喷连接的布置形式可按图 5-19 所示方式进行。

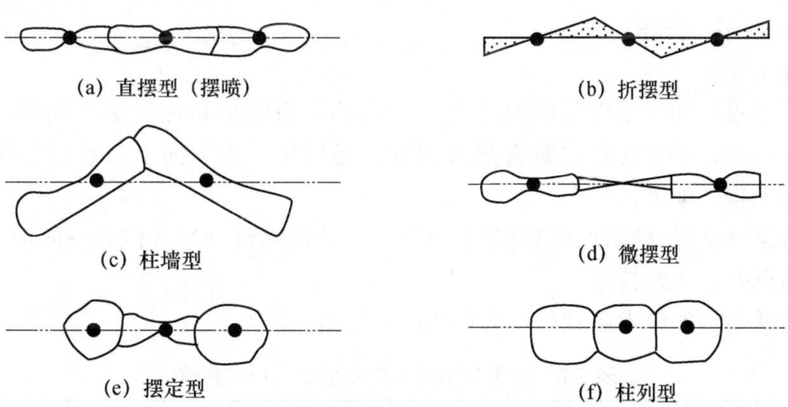

图 5-19　摆喷防渗帷幕的形式

对于提高地基承载力的加固工程，旋喷桩之间的距离可适当加大，不必交圈，其孔距 L 宜为旋喷桩直径的 2～3 倍，这样能够充分发挥土的作用。布孔形式应根据工程需要而定。

7. 喷浆用量计算

注浆材料的使用数量通常采用体积法和喷量法两种方法来计算，取其大者作为喷射浆量。

（1）体积法

体积法的计算公式为：

$$Q=\frac{\pi}{4}D_e^2K_1h_1\ (1+\beta)\ +\frac{\pi}{4}D_0^2K_2h_2 \tag{5-56}$$

式中　Q——需要用的浆量（m^3）；

D_e——旋喷体直径（m）；

D_0——注浆管直径（m）；

h_1——旋喷长度（m）；

h_2——未旋喷长度（m）；

K_1——填充率，可取 0.75～0.9；

K_2——未旋喷范围土的填充率，可取 0.5～0.75；

β——损失系数，可取 0.1～0.2。

（2）喷量法

喷量法是指以单位时间喷射的浆量及喷射的持续时间来计算出浆量，其计算公式为：

$$Q=\frac{H}{v}q\ (1+\beta) \tag{5-57}$$

式中 v——提升速度（m/min）；

H——喷射长度（m）；

q——单位时间喷浆量（m^3/min）。

5.6.3 施工工艺

1. 施工顺序与操作

（1）施工顺序

单管、二重管和三重管等喷射注浆所注入的介质数量和种类是不同的，但其施工步骤却基本相同，都是先把注浆管插入到预定地层中，由下向上进行喷射作业。高压喷射注浆施工程序如下：

钻机就位→钻孔→插管→喷射作业→拔管→清洗器具→移开机具→回填注浆。

（2）高压喷射注浆技术

我国通常采用的技术参数，可参照表 5-6 使用。

表 5-6 通常采用的高压喷射注浆技术参数

技术参数		单管法	二重管法	三重管法	
				CJG 工作法	RJP 工作法
高压水	压力/MPa	—	—	20～40	20～40
	流量/(L/min)	—	—	80～120	80～120
	喷嘴孔径/mm	—	—	1.7～2.0	1.7～2.0
	喷嘴个数	—	—	1～4	1
压缩空气	压力/MPa	—	0.7	0.7	0.7
	流量/(m^3/min)	—	3	3～6	3～6
	喷嘴间隙/mm	—	2～4	2～4	2～4
水泥浆液	压力/MPa	20～40	20～40	3	20～40
	流量/(L/min)	80～120	80～120	70～150	80～120
	喷嘴孔径/mm	2～3	2～3	8～14	2.0
	喷嘴个数	2	1～2	1～2	1～2
注浆管	提升速度/(cm/min)	20～25	10～20	5～12	5～12
	旋转速度/(r/min)	约 20	10～20	5～10	5～10
	外径/mm	ϕ42、ϕ50	ϕ50、ϕ75	ϕ75、ϕ90	ϕ90

(3) 高压喷射注浆工艺

影响旋喷注浆固结体的质量因素较多，当某个工程确定采用一定形式的旋喷注浆管法之后，注浆工艺就是影响固结体的主要因素之一。

① 喷射程序。各种高压喷射注浆，均自下而上（水平喷射由里向外）连续进行。当注浆管不能一次提升完成，需分成数次卸管时，卸管后再喷射注浆的搭接长度不应小于 100mm，从而保证固结体的整体性。

② 长桩高帷幕墙的喷射工艺。由于天然地基的地质情况比较复杂，沿深度方向变化较大，往往有多种土层，其密实度、含水量、土粒组成和地下水状态等存在着很大的差异和不同。如果采用单一的技术参数来喷射长桩和高帷幕墙，则会形成直径大小极不匀称的固结体，从而导致旋喷桩的直径不一、承载力降低、旋喷桩之间无法交联或防渗帷幕墙出现缺口、防水效果不良等质量问题。因此，长桩高帷幕墙喷射工艺的正确做法是：对硬土深部土层和土粒大的卵砾石要多喷些时间，适当放慢提升速度和旋转速度或提高喷射压力。

③ 复喷工艺。在不改变喷射技术参数的条件下，对同一土层进行重复喷射（喷到顶再放下重喷该部位），能够增加土体破坏的有效长度，从而加大固结体的直径或长度并提高固化强度。复喷时可先喷水，最后一次喷浆或全部喷浆，复喷的次数越多，固结体增径加长的效果就越好。

④ 冒浆处理工艺。在旋喷过程中，往往会有一定数量的土颗粒随着一部分浆液沿着注浆管管壁冒出地面，通过对冒浆的观察，能够及时了解地层状况、判断旋喷的大致效果和核定旋喷参数的合理性等。根据经验，冒浆（内有土粒、水及浆液）量小于注浆量的 20%为正常现象，超过 20%或完全不冒浆时，则应查明原因并及时采取相应措施，具体如下：

a. 流量不变而压力突然下降时，应检查各部位的泄漏情况，必要时还应拔出注浆管检查其密封性能。

b. 出现不冒浆或断续冒浆时，如土质松软则视为正常现象，可适当进行复喷；如附近有空洞或通道，则不提升注浆管，继续注浆直到冒浆为止，也可拔出注浆管待浆液凝固后再重新注浆直到冒浆为止。此外，还可采用速凝浆液，使浆液在注浆管附近凝固。

c. 减少冒浆的措施。冒浆量过大，一般是由于有效喷射范围与注浆量不相适应，注浆量大大地超过了旋喷固结所需要的浆量所致。

减少冒浆量可采取三种有效措施，即提高喷射的压力（喷浆量不变）；适当缩小喷嘴孔径（喷射压力不变）；加快提升和旋转速度。

对于冒出地面的浆液，可经过滤、沉淀除去杂质和调整配比后，予以回收再利用。当然，回收再利用的浆液中难免会有砂粒，因此只有三重管法才可利用冒浆再注浆。

⑤ 固结体控形工艺。固结体的形状可以调节喷射压力和注浆量、改变喷嘴的移动方向和速度。根据工程需要，可喷射成以下几种形状的固结体：

a. 圆盘状。只旋转不提升或少提升。

b. 墙壁状。只提升不旋转，喷射方向固定。

c. 圆柱状。边提升边旋转。

d. 大底状。在底部喷射时，加大喷射压力，进行重复旋喷或降低喷嘴的旋转提升速度。

e. 糖葫芦状。在旋喷过程中，对不同土层的一定深度范围内加大压力，降低喷嘴的旋转提升速度。

f. 大帽状。到土层上部时加大压力或进行重复旋喷或降低喷嘴的旋转提升速度。

g. 扇形状。边往复摆动边提升。

在控形工艺完成之后，固结体应达到匀称、粗细和长度差别不大的要求。

⑥ 防缩工艺。当采用纯水泥浆液进行喷射时，在浆液与土粒搅拌混合后的凝固过程中，由于浆液具有析水作用，一般均会产生不同程度的收缩，造成在固结体顶部出现一个凹穴。凹穴的深度随着地层性质、浆液的析出性、固结体的直径和全长等因素的不同而有所区别。

喷射长度10m的固结体，一般凹穴深度在0.3～1.0m之间，单管旋喷的凹穴深度最小，为0.1～0.3m；二重管旋喷次之；三重管旋喷最大，为0.3～1.0m。

这种凹穴现象，对于地基加固或防渗堵水来说是极为不利的，必须采取有效措施予以消除。

为了防止因浆液凝固收缩而产生凹穴，使已加固地基与建筑基础之间出现不密贴或脱空等现象，可采取超高旋喷（旋喷处理地基的顶面超过建筑基础底面，其超高量大于收缩高度），在浆液凝固前回灌冒浆捣实或第二次注浆等措施。

2. 高压旋喷承重桩的施工

（1）高压喷射流破坏土体机理分析

① 强度破坏。这是主要的破坏形式，喷射冲击压力大于土的结构强度，导致土体产生强度破坏。

② 疲劳破坏。喷射流反复脉冲，使土体产生疲劳破坏。

③ 空蚀作用。柱塞式高压泵产生的喷射流压力呈周期性脉动变化，由于喷射流冲击面上的土体颗粒其大小和形状不等，造成局部压差，从而产生空蚀作用，使土体产生破坏。

④ 水楔作用。由于喷射流楔入土体的反作用力，使垂直于射流轴线方向的裂隙扩张，加速了土体的破坏。

（2）保证桩径的施工质量措施

旋喷桩的桩径与喷射工艺及参数、土的种类和密实程度有关。要增加桩径，就必须提高喷射压力，增大喷嘴直径，降低提管速度，并可采用复喷技术，且土的强度越低则桩径越大。

（3）保证桩身强度的施工措施

高压旋喷桩桩身强度的决定因素主要有以下几种：

① 原地土质含砂量越高，强度就越大。

② 喷射材料及水灰比喷射材料本身强度越高，水灰比越小，则强度越大。

③ 注浆管类型与提升速度，1个单位时间内的注浆量越多，强度就越大。

④ 泥土置换率是保证桩身强度的关键，浆液置换出的泥土越多，强度就越大。

由于施工工艺和机具的不同，单管法、二重管法、三重管法均为半置换法，置换出的土粒较少，桩身强度较低；而单管分喷和多重管法，则属于全置换法，切割后孔内仅剩浓泥浆，置换率高，桩身强度较大。

5.6.4　效果及质量检验

1. 效果及质量检验方法

高压喷射注浆可根据工程要求和当地经验采用开挖检查、钻孔取芯（常规取芯或软取芯）、标准贯入试验、动力触探和静载荷试验等方法进行检验，并结合工程测试、观测资料及实际效果综合评价加固效果。

应在严格控制施工参数的基础上，根据具体情况选定质量检验方法。开挖检查法简单易行，通常在浅层进行，但难以对整个固结体的质量进行全面检查。钻孔取芯是检验单孔固结体质量的常用方法之一，选用时应以不破坏固结体和具有代表性为前提，可以在 28d 后取芯或未凝之前取软芯（软弱黏性土地基）。在有经验的情况下也可采用标准贯入和动力触探试验，静载荷试验是建筑地基处理后检验地基承载力的有效方法。

建筑物的沉降观测及基坑开挖过程测试和观察是全面检查建筑地基处理质量必不可少的重要方法。

2. 检验点的位置及数量

检验点的位置应重点布置在具有代表性的加固区，对喷射注浆时出现过异常现象和复杂的地段应重点进行检验。检验点的布置应符合下列规定：

① 有代表性的桩位。

② 施工中出现异常情况的部位。

③ 地基情况复杂，可能对旋喷桩质量产生影响的部位。

成桩质量检验点的数量不少于施工孔数的 2%，并不应少于 6 点。

承载力检验宜在成桩 28d 后进行。高压喷射注浆处理地基的强度离散性大，在软弱黏性土中，强度增长速度较慢。检验时间应在喷射注浆 28d 后进行，避免由于固结体强度不高时，因检验而受到破坏，影响检验的可靠性。

3. 竖向承载旋喷桩地基竣工验收

竖向承载旋喷桩地基竣工验收时，承载力检验应采用复合地基静载荷试验和单桩静载荷试验，载荷试验必须保证桩身强度满足试验条件，并宜在成桩 28d 后进行。检验数量不得少于总桩数的 1%，且每个单体工程复合地基静载荷试验的数量不得少于 3 台。

5.7　柱锤冲扩桩

5.7.1　加固原理

在柱锤冲扩成孔及成桩的过程中，通过对原状土的动力挤密、强力夯实、动力固结、充填置换（包括桩身挤入桩间土的骨料）、生石灰的水化和胶凝等作用，使软弱地基土得到加固。

1. 冲击荷载作用分析

柱锤冲扩桩法施工中，柱锤对土体的冲击速度可达 1～25m/s，这种短时冲击荷载对地基土而言是一种撞击作用，冲击次数越多，成孔越深，累积的夯击能就越大。柱锤冲扩桩法所用柱锤的底面积小，柱锤底静接地压力值普遍大于100kPa，最高可达500kPa以上；而强夯锤底静接地压力值仅为25～40kPa。

柱锤冲扩桩法所用柱锤的单位面积夯击可达600～5000kN·m/m^2，是一般强夯单位面积夯击能的10～20倍。用柱锤冲击成孔时，冲击压力远远大于土的极限承载力，从而使土体产生冲切破坏，即孔侧土受冲切挤压，孔底土受夯击冲压，对桩间及桩底土均起到了夯实挤密的效应。

柱锤冲孔时，地基土的受力情况如图5-20所示。图中，q_s为柱锤作用在孔壁上侧向切应力；P_x为冲孔时侧向挤压力；P_d为柱锤冲孔所引起的锤底冲击压力，其大小与夯击能成孔深度、土质等有关。

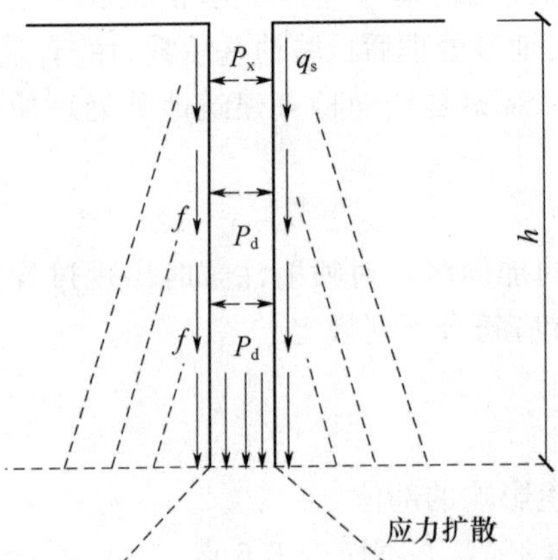

图5-20　柱锤冲孔时地基土的受力分析

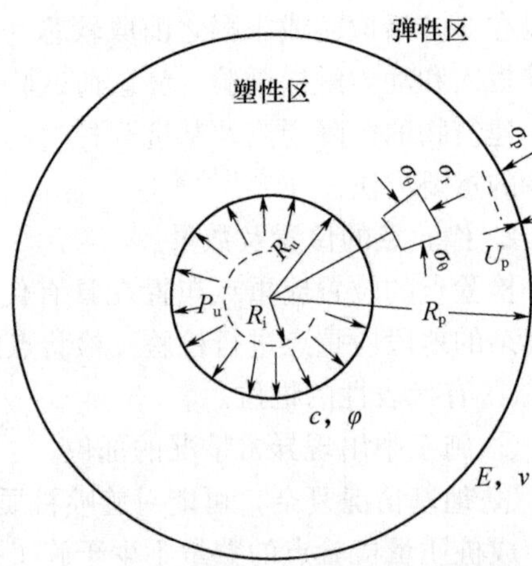

图5-21　圆筒形孔扩张理论的计算简图

柱锤对土体不仅会产生侧向的挤压，而且还对锤底的地基土产生冲击压力，柱锤冲扩所产生的冲击波及应力扩散的双重效应，可使土产生动力密实。对于饱和软土及中密以上的土层，可使土产生动力密实。对于饱和软土及中密以上的土层，由于其埋深浅、桩孔周围土层的覆盖压力小，冲击压力较大时可能会产生隆起，造成局部土体松动破坏，因此在采用柱锤冲扩桩法时，桩顶以上应有一定覆盖土重。

2. 柱锤冲孔的侧向挤密作用

柱锤冲孔对桩间土的侧向挤密作用可采用Vesic（魏西克）圆筒形孔扩张理论来描述，如图5-21所示。图中，初始半径为R_i的圆筒形孔，被均匀分布的内压力P_x所扩张。当P_x增加时，围绕着孔的圆筒形区域将成为塑性区。该塑性区将随着内压力P_x的增加而不断扩张，一直打到内压力最终值P_u为止。当圆筒形孔内压力打到P_u时，冲扩孔的半径为R_u，而孔周围土体塑性区的半径则扩大至R_p，塑性区内的土体可视为可压缩的塑性固体，在半径R_p范围之外的土体仍保持为弹性平衡状态。因此，塑性区半径R_p即可看作是圆孔扩张的影响半径，其表达式为：

$$R_p = R_u \sqrt{\frac{I_r \sec\varphi}{1 + I_r \Delta \sec\varphi}} \tag{5-58}$$

$$I_r=\frac{G}{S}=\frac{E}{2(1+\upsilon)(c+q\tan\varphi)} \tag{5-59}$$

式中　R_p——塑性区半径（cm）；

R_u——扩张孔的半径（cm）；

I_r——地基土的刚性指标；

Δ——塑性区内土体体积应变平均值；

G——地基土的剪切模量（Pa）；

S——地基土的抗剪强度（Pa）；

E——土的变形模量（Pa）；

υ——七的泊松比；

q——地基中原始固结压力（Pa）；

c、φ——土的黏聚力（Pa）和内摩擦角（°）。

当塑性区内土体积应变平均值 $\Delta=0$ 时，塑性区半径 R_p的表达式为：

$$R_p=R_u\sqrt{\frac{E}{2(1+\nu)(c\cdot\cos\varphi+q\sin\varphi)}} \tag{5-60}$$

由式（5-60）可知，塑性区半径与桩孔半径成正比，并与土的变形模量、泊松比、抗剪强度等有关。根据上述理论，在扩张应力的作用下，柱锤冲扩挤压成孔，桩孔位置原有土体被强制侧向挤压，塑性区范围内的桩侧土体产生塑性变形，因而使桩周一定范围内的土层密实度提高。实践证明，柱锤冲扩桩法桩间土挤密影响范围为（1.5～2.0）d_0（d_0为冲击成孔直径）。

3. 孔内强力夯实的作用机理

在冲孔及填料成桩的过程中，柱锤在孔内具有深层强力夯实的动力挤密及动力固结作用，在饱和软黏土中动力固结作用尤为突出。桩身的散体材料可起到排水固结的作用。

对于松散填土、粉土、砂土及低饱和度黏性土层等，随着冲孔（自上而下）夯击及填料（自下而上）夯击的进行，桩底及桩间土不断被动力挤密，范围不断扩大。但是，柱锤在不同深度冲扩时，土体的变形模式是不同的。在地面下的浅层处，柱锤冲孔夯扩时，土体以剪切变形为主。随着冲孔深度的不断增加，土的侧向约束应力也相应增大，压缩作用逐渐占据上风，而剪切作用就难以发挥出来了。

4. 填料冲扩的二次挤密效应及嵌入作用

柱锤冲扩桩法在填料夯实挤密的过程中，由于夯击能量很大，桩径不断扩大，迫使填料向周边土体中强制挤入，桩间土也被强力挤密加固，即发生二次挤密作用。如成孔直径为400m，桩后桩径 d 达到了 600～1000mm，最大可达 2.5m，这是其他挤密桩（土桩灰土桩、砂石桩）所不具备的。

当被加固的地基土软硬不均时，软土层部分的成桩直径将会增大，且会有部分粗骨料挤入桩间土，使桩身与桩间土之间嵌入咬合、密切接触，共同受力。经过填料夯击二次挤密作用之后，柱锤冲扩桩对地基土的加固效果如图 5-22 所示。此外，在湿陷性黄土地区，利用螺旋钻引孔，然后填料，用柱锤夯扩挤密桩间土，能够达到消除湿陷性的目的。

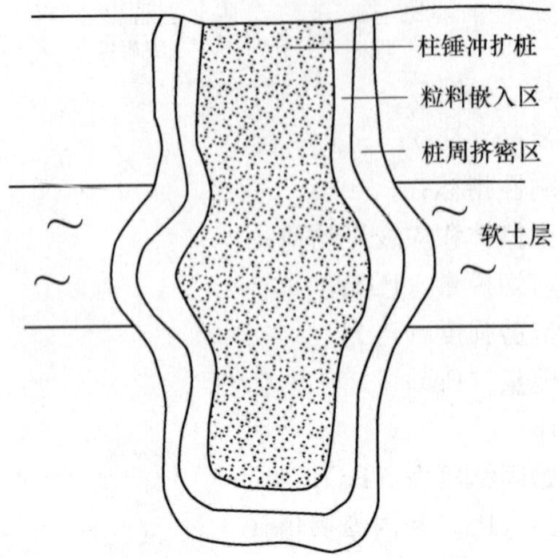

图 5-22　柱锤冲扩桩对地基土的加固效果

5. 桩身填料的物理化学作用

在含水量较高的软土地基中，当桩身填料采用生石灰或碎砖三合土时，碎砖三合土中的生石灰遇水后会消解成熟石灰，生石灰固体崩解，孔隙体积增大，从而对桩间土产生较大的膨胀挤密作用。由于这种胶凝反应随龄期增长，故可提高桩身及桩间土的后期强度。

6. 复合地基作用

柱锤冲扩桩对原有地基土进行动力置换，形成的柱锤冲扩桩具有一定的桩身强度，能够起到桩体效应。柱锤冲扩桩复合地基承载力特征值可通过现场复合地基荷载试验来确定，也可按下式估算：

$$f_{spk}=[1+m(n-1)]f_{sk} \tag{5-61}$$

式中　f_{spk}——复合地基承载力特征值（kPa）；

f_{sk}——处理后桩间土承载力特征值（kPa），宜按当地经验取值，如无经验时，当 $f_{ak}\geqslant 80$kPa 时，可取加固前的天然地基承载力特征值；

m——复合地基桩土面积置换率，可取 0.2～0.5；

n——桩土应力比，无实测资料时，对黏性土可取 2～4，对粉土和砂土可取 1.5～3，原土强度低取大值，原土强度高取小值。

5.7.2　设计计算

柱锤冲扩桩法复合地基设计的内容主要有桩身材料、桩径、桩长、置换率、桩距和布桩的设计，并满足复合地基承载力和沉降变形要求。

1. 桩身材料

桩体材料推荐采用以拆房土为主组成的碎砖三合土，这样做的目的主要是为了降低工程造价，减少杂土丢弃对环境造成的污染。有条件时也可采用级配砂石、矿渣、灰土、水泥混合土等。由于目前尚缺少足够的工程经验，当采用其他材料时，其适用性和配合比等有关参数应通过试验确定。

碎砖三合土的配合比（体积比）除了设计有特殊要求之外，一般可采用生石灰：碎砖：黏性土＝1：2：4。

对地下水位以下流塑状态松软土层，宜适当加大碎砖及生石灰用量。碎砖三合土中的石灰宜采用块状生石灰，CaO 质量分数应大于 80%。碎砖三合土中的土料宜尽量选用就地基坑开挖出的黏性土料，不应含有机物料（如油毡、苇草、木片等），不应使用淤泥质土、盐渍土和冻土，土料含水量对桩身密实度的影响较大，因此应采用最佳含水量进行施工，考虑到实际施工时土料的来源及成分复杂，根据大量工程实践经验，采用目力鉴别即可，鉴别标准是手握成团、落地开花。

为了保证桩身均匀及触探试验的可靠性，碎砖粒径不宜大于 120mm。若条件容许，则碎砖粒径宜控制在 60mm 左右，成桩过程中严禁使用粒径大于 240mm 的砖料及混凝土块。

2. 地基处理范围

地基处理的宽度应超过基础底面边缘一定范围，目的是为了增强地基的稳定性，防止基底下被处理土层在附加应力的作用下产生侧向变形。因此原天然土层越软，加宽的范围就越大。通常按压力扩散角 $\theta=30°$ 来确定加固范围的宽度，并不少于 1～2 排桩，也不应小于基底下被处理土层厚度的 1/2。

用柱锤冲扩桩法处理可液化地基时，应适当加大处理宽度。对于上部荷载较小的室内非承重墙及单层砖房可仅在基础范围内布桩。

3. 桩径、桩距及布桩要求

柱锤冲扩桩法的布桩形式可采用正方形、矩形、三角形布置。对于可塑状态黏性土、黄土等，应靠冲扩桩的挤密来提高桩间土的密实度，所以采用等边三角形布桩有利，可使地基挤密均匀。对于软黏土地基，主要靠置换，故选用任何一种布桩方式均可。考虑到施工方便，通常以正方形或正方形中间补桩一根（形成等腰三角形）的布桩形式最为常用。桩间距与设计要求的复合地基承载力及原地基土的承载力有关，根据实际经验，桩中心距一般可取 1.5～2.5m，或取桩径的 2～3 倍。

柱锤冲扩桩法涉及的直径主要有以下三种：

① 柱锤直径。它是柱锤本身的实际直径，常用为 300～500mm。

② 冲孔直径。它是冲孔达到设计深度时，地基被冲击成孔的直径。对于可塑状态黏性土，其成孔直径往往要大于锤直径。

③ 桩径。它是桩身填料夯实后的平均直径，比冲孔直径大，如 ϕ377 柱锤夯实后形成的桩径可达 600～800mm。因此，桩径不是一个常数，当土层松软时，桩径就大；当土层较密时，桩径就小。

设计时一般先根据经验假设桩径，假设时应考虑柱锤规格、土质情况及复合地基的设计要求等，一般常用 500～800mm，经试桩后再对桩径进行调整。

4. 桩长及地基处理深度

地基处理深度可根据工程地质情况及设计要求来确定。对相对硬层埋藏较浅时，应深达相对硬土层；当相对硬土层埋藏较深时，应按下卧层地基承载力及建筑物地基的变形允许值来确定；对于可液化地基，应按照《建筑抗震设计规范》（GB 50011—2010）的有关规定确定。

为了实现复合地基的受力条件，在桩顶部应铺设厚度为 200～300mm 的砂石垫层。

5. 复合地基承载力特征值

柱锤冲扩桩复合地基承载力特征值应通过现场复合地基荷载试验来确定，也可按式（5-57）估算。

对于新填沟坑、杂填土等松软土层，可根据重型动力触探平均击数$\bar{N}_{63.5}$来确定，具体见表 5-7。

表 5-7 根据重型动力触探平均击数$\bar{N}_{63.5}$确定桩间土 f_{sk} 和 E_s

$\bar{N}_{63.5}$/击	2	3	4	5	6	7
f_{sk}/kPa	80	110	130	140	150	160
E_s/MPa	4.0	6.0	7.0	7.5	8.0	—

注：1. 计算$\bar{N}_{63.5}$时应去掉 10%的极大值和极小值，当触探深度大于 4m 时，$\bar{N}_{63.5}$应乘以折减系数 0.9。
2. 杂填土及饱和松软土层，表中 f_{sk}应乘以折减系数 0.9。

此外，当柱锤冲扩桩处理深度以下存在软弱下卧层时，应按《建筑地基基础设计规范》（GB 50007—2011）的有关规定进行下卧层地基承载力验算。

6. 地基变形计算

地基处理后的变形计算应按《建筑地基基础设计规范》（GB 50007—2011）的有关规定执行。初步设计时复合土层的压缩模量可按式（5-41）估算，公式中 E_s为加固后桩间土的压缩模量，可按当地经验取值，也可根据加固后桩间土重型动力触探平均击数$\bar{N}_{63.5}$来确定，具体可参照表 5-7 选用。

5.7.3 施工工艺

1. 施工设备选择

（1）柱锤类型及选择

柱锤冲扩桩法采用的柱锤可分为两类，即等截面杆状柱锤和变截面柱锤。每一类柱锤中的锤尖、锤体的形式均有所不同，具体参数见表 5-8。

表 5-8 柱锤的类型

类型参数	等截面杆状柱锤					变截面柱锤	
	平底或凹底	锥形底	半球形底	方形断面	活动锤尖	纺锤形	扩底锤
直径/mm	300～500	300～500	300～500	300～500	300～500	500～1000	300～600
质量/t	1～9	1～9	1～9	1～9	1～9	10～20	1～9
适用范围	一般软土	软硬土层	扩底桩	饱和软黏土	饱和软黏土	大直径桩	一般软土

柱锤冲扩桩法施工过程中，不同锤型其作用效应也是不同的。因此锤型选择应按土质软硬、处理深度及成桩直径经试桩后加以确定，柱锤长度不宜小于处理深度。采用柱锤冲扩桩法加固一般软土地基，主要使用等截面圆形平底或凹底杆状柱锤。尖锥形杆状柱锤及变截面柱锤等也有应用。目前采用的柱锤参数见表 5-9。

表 5-9　柱锤的规格参数

规格参数				锤底形式
直径/m	长度/m	质量/t	锤底静压力/kPa	
325	2～6	1.0～4.0	120～480	平底、凹底或锥形底
377	2～6	1.0～4.0	133～447	平底、凹底或锥形底
500	2～6	1.0～4.0	153～459	平底、凹底或锥形底

注：封顶或拍底时，可采用质量为 200t 的扁平重锤进行。

柱锤可采用钢材制作，也可以钢板为外壳内部浇筑混凝土或浇铸铁制成。钢制柱锤可制成装配式，由组合块和锤顶两部分组成，使用时用螺栓连成整体，调整组合块数（一般为 5 块），即可按工程需要组合成不同质量和长度的柱锤。

（2）冲扩桩机

① 吊车型冲扩桩机

吊车型冲扩桩机由吊车、柱锤、护筒、卷扬机、自动脱钩装置等组成，适用于桩长小于 6m 的桩体施工。

吊车可选用 8～30t 自行杆式起重机。当成桩深度不大于 4m 时，为减少冲击能量损耗，可采用自动脱钩装置。起重能力应通过计算或现场试验来确定（按锤重及成孔时土层对柱锤的吸附力确定），一般不应小于锤重的 3～5 倍。必要时还可增设辅助桅杆或锚拉设备。自动脱钩装置采用钢板制成，要求有足够的强度，且使用灵活。柱锤提升至预定高度时，能自动脱钩下落。护筒采用钢管制成，常用钢管外径有 ϕ325、ϕ377、ϕ426、ϕ477 等几种。在护筒上部应开加料口，加焊提筒吊耳。柱锤直径应比护筒内径小 50～70mm（护筒长度大时取大值），当采用自动脱钩装置时，柱锤应比使用护筒长 1000～1500mm。

② 多功能冲扩桩机

多功能冲扩桩机整机为液压步履式（分为前置式和中置式两种），可完成柱锤冲扩、沉管及螺旋钻取土等各项作业。

该桩机由液压步履行走底盘、机架、柱锤、钢护筒、主副卷扬机、配电箱、液压夹持器等组成。必要时，还可配有长螺旋取土钻头及振动装置。

当冲孔过程中坍孔不严重时，可利用钢丝绳起吊柱锤完成冲孔及填料夯扩工作。根据工程需要，可利用护筒导向及孔口防护。在地下水位以下施工或冲孔过程中坍孔严重时，可采用跟管成孔。即一边用柱锤冲孔，一边下压护筒（分液压抱压式和绳索式加压两种），以防止孔壁坍塌。成桩时需边提护筒边填料冲扩成桩。当遇到硬夹层或为防止冲孔产生挤土而造成地面隆起时，也可换上螺旋钻头先引孔再冲扩成桩。

③ 振动沉管冲扩桩机

振动沉管冲扩桩机由一般振动沉管桩机改制而成，通常由沉管拔管设备、中空双电机振锤、柱锤、沉管、卷扬机等组成，适用于桩长小于 20m 的桩体施工。

（3）其他机具

为了便于填料的运输及拌和，应配置翻斗汽车、铲车、推土机、手推车搅拌机等机具。为了计算填料量及成桩深度，还应配置量料斗及量尺等工具。

2. 施工工艺

锤冲扩桩的施工流程为：桩机就位→成孔→填料夯实成桩→桩机移位。重复上述步骤进行下一根桩施工。

（1）施工前的准备工作

① 正式施工前施工单位应具备以下几种文件资料：

a. 工程地质详细勘察资料（包括加固深度内松软土层的动力触探资料）。

b. 建筑物总平面布置图及室内地面标高。

c. 柱锤冲扩桩桩位平面布置图及设计施工说明。

d. 施工前应编制施工组织设计，对机械配置、人员组织、场地布置、施工顺序、进度、工期、质量、安全及季节性施工措施等进行合理安排。

e. 应具有根据总平面图设置的永久性或半永久性建筑物方位及标高控制桩。

② 施工前应平整场地，清除地上及地下障碍物。当表层土过于松软时应碾压夯实。场地平整工作完成以后，桩顶设计标高以上应预留厚度为0.5～1.0m的土层。

场地平整、清除障碍物是机械作业的基本条件。当加固深度较深，柱锤长度不够时，也可采取先挖出一部分土，然后再进行冲扩施工的方式。施工时桩位放线一般可在地面上撒白灰线，或在桩位处用短钢钎击深200mm，然后灌入白灰，以保证桩位准确。

③ 试成桩时发现孔内积水较多且坍孔严重时，宜采取措施降低地下水位。

④ 桩位放线定位之前应设置建筑物轴线定位点和水准基点，并采取相关措施予以保护。

⑤ 根据桩位设计图在施工现场布设桩位，桩位布置与设计图的误差不得大于50mm，并应经过复验合格后方可开工，在施工过程中还应随时进行检查校验。

⑥ 成桩之前应测量场地平整标高，根据设计要求及动力触探结果来确定成桩深度及桩长。施工过程中还应测量地面标高的变化，并随时调整成桩深度。

⑦ 填料用量较大时，应设专用料场进行集中拌料，桩身填料的质量及配合比应符合要求。

（2）成孔作业

① 冲击成孔

根据土质及地下水的情况可分别采用以下三种成孔方式。

a. 冲击成孔。该成孔方式适用于地下水位以上不坍孔土层。成孔时需将柱锤提升至一定高度，自动脱钩（孔深度不大于4m），或用钢丝绳吊起，下落冲击土层。如此反复冲击，接近设计成孔深度时，可在孔内填入少量粗骨料并继续冲击，直到孔底被夯密实为止。

b. 填料冲击成孔。成孔时出现缩颈或坍孔时，可分次填入碎砖和生石灰块，边冲击边将填料挤入孔壁及孔底。当孔底接近设计成孔深度时，夯入部分碎砖挤密桩端土。采取冲击成孔方式时的填料与成桩填料不同，其主要目的在于吸收孔壁附近地基中的水分，密实孔壁，使孔壁直立、不坍孔、不缩颈。由于碎砖及生石灰能够显著降低土壤中的水分，提高桩间土的承载力，所以填料冲击成孔时宜采用碎砖及生石灰块。

c. 复打成孔。当坍孔严重、难以成孔时，可提锤反复冲击至设计孔深，然后再分次填入碎砖和生石灰块，待孔内生石灰吸水膨胀、桩间土性质有所改善后，再进行二次冲击复打成孔。

在每一次冲扩时，填料以碎砖、生石灰为主，根据土质的不同而采用不同的配合比，其目的在于吸收土壤中的水分，改善原土性状。第二次复打成孔后要求孔壁直立、不坍孔，然后边填料边夯实形成桩体。第二次冲孔可在原桩位进行，也可在桩间进行。

当采用上述方法仍难以成孔或成孔速度较慢时，可采用跟管成孔。

② 跟管成孔

跟管成孔可根据情况，采用内击沉管、柱锤冲扩和静压沉管、振动沉管等几种方法。

内击沉管法适用于长度为6m以下桩长的施工，可采用吊车型或步履式夯扩桩机进行施工。步骤分为三步：第一步，挖桩位孔，孔深0.4～0.6m；第二步，放入护筒，在护筒中加入高为0.4～0.6m的碎砖等粗骨料制成砖塞；第三步，将柱锤吊入护筒进行冲击，直到护筒达到设计标高为止。

在柱锤冲击的过程中，需要保证砖塞不被击出护筒，并应根据施工情况随时填入碎砖。管底标高宜根据设计要求及终孔时护筒贯入阻力而定。填料夯扩前应将砖塞击出护筒。

柱锤冲扩和静压沉管法适用于12m以下桩长的施工，可采用步履式夯扩桩机进行。施工步骤分为两步：第一步，桩机就位，将护筒及柱锤置于桩点；第二步，柱锤冲击成孔，边冲孔边压护筒至设计标高，管底标高宜根据设计要求及终孔时柱锤最后贯入深度而定。

振动沉管法一般适用于砂土层的施工，其施工步骤分为两步：第一步，桩机就位，将预制桩尖置于桩点凹坑中；第二步，振动沉管。管底标高宜根据设计要求及终孔时最后30s的密实电流而定，电流值应根据试桩或当地经验而定。填料夯扩前应将预制桩尖夯入土中。

③ 螺旋钻引孔

螺旋钻引孔（可结合柱锤冲扩）成孔速度快，成桩直径大，噪声及振动小，易通过土中硬夹层，但成孔挤密效果较差。螺旋钻引孔法多用于局部硬夹层引孔或土质坚硬且深度较大时。当地下水位较浅且水量丰富时，不宜采用。若采用则需进行有效止水或采取预先降水措施。

（3）填料成桩

① 选择成桩方法

进行桩身填料之前孔底应夯实。当孔底土质松软时可夯填碎砖、生石灰进行挤密。桩体施工按成孔方法及采用施工机具的不同，可分为以下四种方法：

a. 孔内分层填料夯扩法。采用柱锤冲孔或螺旋钻引孔达到预定深度后，先将孔底填料夯实，然后在孔内自下而上分层填料夯扩成桩。

b. 逐步拔管填料夯扩法。采用跟管成孔达到预定深度后，可采用边填料、边拔管、边由柱锤夯扩的方法成桩。

c. 扩底填料夯扩法。当孔底地基土层较软时，可在孔底进行反复填料夯扩形成扩大端。待孔底夯击贯入度满足要求时，再自下而上分层填料夯扩成桩。当桩身采用水泥砂石料等黏结性材料且桩底土质较硬时，也可实施扩底以提高单桩承载力。

d. 边冲孔边填料、柱锤强力夯实置换法。对于过于松软的土层（厚度为 3m），当采用上述方法仍难以成孔及填料成桩时，可采用边冲孔边填料、柱锤强力夯实置换法施工。

② 夯填要求

用标准料斗或运料车将拌和好的填料分层填入桩孔夯实。当采用套管成孔时，应边分层填料夯实，边将套管拔出。锤的质量、锤长、落距、分层填料量、分层夯填度（夯实后填料厚度与虚铺厚度的比值）、夯击次数、总填料量等应根据试验或当地经验来确定。一般填料的充盈系数不宜小于 1.5。如密实度达不到设计要求，则应空夯夯实。

每个桩孔应夯填至桩顶设计标高以上至少 0.5m，其上部桩孔宜采用原槽土夯封。施工中应做好记录，并对发现的问题及时进行处理。

③ 成桩顺序

成桩顺序应视土质情况而定。当地基土经柱锤冲扩后地面不隆起时，可采用自外向内的顺序成桩；当地基土经柱锤冲扩后地面有隆起时，可采用自内向外的顺序成桩；当地基土经柱锤冲扩后地面隆起严重时，可隔行跳打或先用长螺旋钻引孔，再施工柱锤冲扩桩；当一侧毗邻建筑物时，应由毗邻建筑物向另一方向施打。

4. 施工注意事项

① 试桩成孔时如果发现孔内积水较多且坍孔严重，则宜采取措施降低地下水位。

② 柱锤冲扩桩施工过程中，如果出现缩颈和坍孔，则可采取分次填碎砖和生石灰的方式，边冲击边将填料挤入孔壁及孔底时，柱锤的落距应适当降低，冲孔速度也应适当放慢，使碎砖和生石灰与孔内松软土层强行拌和，生石灰吸水膨胀，可改善孔壁土的性质。

③ 当采用填料冲击成孔或二次复打成孔仍难以成孔时，也可采用套管跟进成孔，即用柱锤边成孔边将套管压入土中，直到桩底设计标高为止。

④ 对于散体材料桩，补桩或复打成孔宜在原桩位进行，有困难时也可在桩间进行。

⑤ 柱锤夯扩桩施工质量的关键在于桩体密实度，即分层填料量、分层夯填度及总填料量的控制，施工前应根据试桩及设计要求的桩径和桩长进行确定。施工时应随时计算每分层成桩厚度的充盈系数是否大于 1.5（或设计要求）。

⑥ 当柱锤冲扩桩夯实桩体施工至设计桩顶标高以上时，为了防止倒锤，余下桩体的夯实可改用平锤夯封。

⑦ 基槽开挖后，应进行晾槽拍底或碾压，随后铺设垫层并压实。

⑧ 柱锤冲扩桩法的夯击能量较大，易发生地面隆起，造成表层桩和桩间土出现松动，从而降低处理效果，因此成孔及填料夯实的施工顺序宜间隔进行。

⑨ 施工时应注意地面隆起所造成的标高变化，并应根据实际地面标高调整成孔深度。

5.7.4 效果及质量检验

柱锤冲扩桩法的质量检验程序主要包括施工中施工单位自检、竣工后质检部门抽检和基槽开挖后验槽三个环节。实践证明该检验程序是行之有效的，其中施工单位自检尤为重要。

施工过程中应随时检查施工记录及现场施工情况，并对照预定的施工工艺标准，对每根桩进行质量评定。对质量有怀疑的工程桩，应用重型动力触探进行自检。

采用柱锤冲扩桩法处理的地基，其承载力是随着时间的增长而逐步提高的，因此要求在施工结束后7～14d再进行检验，实践证明，这样不仅方便施工，也是偏于安全的。对非饱和土和粉土休止时间可适当缩短。

柱锤冲扩桩施工结束后7～14d，可采用重型动力触探或标准贯入试验对桩身及桩间土进行抽样检验，并对处理后桩身质量及复合地基承载力作出评价。检验数量不应少于冲扩桩总数的2%。每个单体工程桩身及桩间土总检验点数均不应少于6点。

桩身及桩间土密实度检验宜优先采用重型动力触探进行。检验点应随机抽样并经设计或监理认定，检测点数量不应少于总桩数的2%，且不少于6组（即同一检测点桩身及桩间土分别进行检验）。当土质条件复杂时，应加大检验数量。

柱锤冲扩桩复合地基质量评定的内容主要是地基承载力大小及均匀程度。复合地基承载力与桩身及桩间土动力触探击数的相关关系应经对比试验或按当地经验确定。实践表明，采用柱锤冲扩桩法处理的土层往往上部和下部稍差而中间较密实，因此必要时也可分层进行评价。

竣工验收时，柱锤冲扩桩复合地基承载力检验应采用复合地基荷载试验。

基槽开挖检验的重点是桩顶密实度和槽底土质情况。由于柱锤冲扩桩法施工工艺的特点是冲孔后自下而上成桩，即自下而上对地基进行加固处理，由于顶部上覆压力小，容易造成桩顶及槽底土质松动，而这部分又是直接持力层。因此应加强对桩顶特别是槽底以下1m厚的范围内土质的检验，检验方法可采用轻便触探进行。桩位偏差不宜大于桩径的1/2，桩径负偏差不宜大于100mm，桩数应满足设计要求。

基槽开挖后，应检查桩位、桩径、桩数、桩顶密实度及槽底土质情况。如发现漏桩、桩位偏差过大、桩头及槽底土质松软等质量问题，应采取补救措施。

承载力检验数量不应少于总桩数的1%，且每个单体工程复合地基静荷载试验不应少于3点。静荷载试验应在成桩14d后进行。

第6章 灌 浆 法

注浆法（或称灌浆法）是指根据液压、气压或电化学原理，通过注浆管把浆液均匀地注入地层中，浆液以填充、渗透和挤密等方式，赶走土颗粒间或岩石裂隙中的水分和空气后占据其位置，经人工控制一定时间后，浆液将原来松散的土粒或裂隙胶结成一个整体，形成一个结构新、强度大、防水性能好和化学稳定性良好的“结石体”。

注浆法因其能防渗、堵漏、固结、防止滑坡、提高地基承载力、减小地表下沉、回填、加固和纠偏等作用，所以广泛应用于地下结构的加固及止水、坝基的加固及防渗、建筑物地基加固、土坡稳定性加固、建筑物纠偏等方面。

灌浆法适用于土木工程中的各个领域：

① 坝基：砂基、砂砾石地基、喀斯特溶洞及断层软弱夹层等。

② 楼基：一般地基及振动基础等，包括对已有建筑物的修补。

③ 道路基础：公路、铁道和飞机场跑道等。

④ 地下建筑：输水隧洞、矿井巷道、地下铁道和地下厂房等。

⑤ 其他：预填骨料灌浆，后拉锚杆灌浆及灌浆桩后灌浆等。

6.1 灌浆材料及灌浆方法

6.1.1 灌浆法分类

经过两个多世纪的发展，人们在注浆材料的改良、施工技术的提高、理论水平的完善、电子技术的应用等方面探索发展，已经使灌浆法这一地基处理方法越来越成熟、应用越来越广泛，在土木工程建设中已发挥着重要的作用，其可根据不同类别区分为以下内容：

① 按灌浆材料主要分为水泥灌浆、水泥砂浆灌浆、黏土灌浆、水泥黏土灌浆和硅酸钠或高分子溶液化学灌浆；

② 按灌浆目的主要分为帷幕灌浆、固结灌浆、接触灌浆、接缝灌浆和回填灌浆；

③ 按被灌浆地层分为岩石灌浆、岩溶灌浆、砂砾石层灌浆和粉细砂灌浆；

④ 按灌浆压力分为常规压力灌浆和高压灌浆；

⑤ 按灌浆机理分为渗透灌浆、劈裂灌浆、挤密灌浆和电动化学灌浆。

6.1.2 浆液材料

灌浆加固离不开浆材，而浆材品种和性能的好坏又直接关系着灌浆工程的成败、质量和造价，因此在灌浆工程中对灌浆材料的研究和发展极为重视。现在可用的浆材越来越多，尤其在我国，浆材性能和应用问题的研究比较系统和深入，有些浆材通过改性使其缺点消除后，正朝着理想浆材的方向演变。

灌浆工程中所用的浆液是由主剂（原材料）、溶剂（水或其他溶剂）及各种外加剂混合而成的。通常所提的灌浆材料是指浆液中所用的主剂。外加剂可根据其在浆液中所起到的作用，分为固化剂、催化剂、速凝剂、缓凝剂和悬浮剂等。

1. 浆液材料的分类

浆液材料的分类方法有很多：按浆液所处状态可分为真溶液、悬浮液和乳化液；按工艺性质，可分为单浆液和双浆液；按主剂性质，可分为无机系和有机系等。

浆液材料通常可按图 6-1 进行分类。

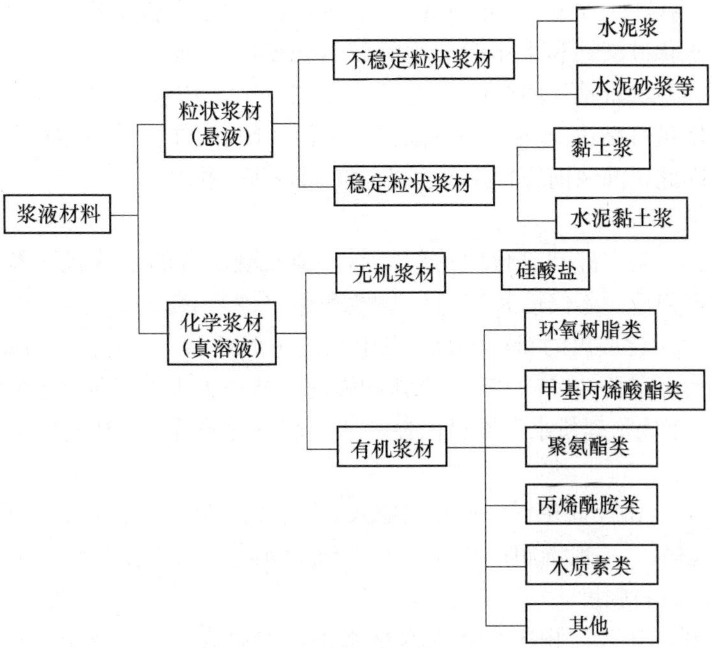

图 6-1　灌浆法按浆液材料进行分类

2. 水泥浆材

水泥浆材是以水泥浆为主的浆液，在地下水无侵蚀性的条件下，一般均采用普通硅酸盐水泥。它是一种悬浊液，能够形成强度较高和渗透性较小的结石体，既适用于岩土加固，也适用于地下防渗，在细裂隙和微孔地层中虽然其可注性比不上化学浆材，但若采用劈裂灌浆原理，则不少弱透水地层都可用水泥浆进行有效的加固，故成为国内外所常用的浆液。

水泥浆的水灰比，一般变化范围为 0.6～2.0，常用的水灰比是 1∶1。为了改善水泥浆液的性质，以适应不同的灌浆目的和自然条件，常在水泥浆中掺入各种附加剂。常用的附加剂有速凝剂、缓凝剂、流动剂、加气剂、膨胀剂、防析水剂。速凝剂为水玻璃和氯化钙，其用量为水泥重量的 1%～2%，常用的缓凝剂为木质素磺酸钙和酒石酸，其用量为水泥重量的 0.2%～0.5%。木质素磺酸钙也可用作流动剂。

高水灰比仅对提高浆液的可灌性有利，对岩土加固的意义则不大。高浓度浆液的强度和密度都较大，但流动性却较小，常需掺入某些分散剂以降低黏度方能使用。

水泥浆材的主要问题在于析水性大，稳定性差。水灰比越大，上述问题就越严重。此外，纯水泥浆的凝结时间较长，在地下水流速较大的情况下灌浆时，浆液易受冲刷和稀释等。

3. 粉煤灰水泥浆材

粉煤灰掺入普通水泥中作为灌浆材料使用，其主要作用是为了节约水泥、降低成本和消化三废材料，因此具有较大的经济效益和社会效益。近几年这类浆材已在国内一些大型工程中使用，并获得了成功。

对于水工建筑物而言，粉煤灰水泥浆材的突出优点还在于粉煤灰能够增加浆液中酸性氧化物（Al_2O_3和SiO_2等）的含量，它们能与水泥水化析出的部分氢氧化钙发生二次反应而生成水化硅酸钙和水化铝酸钙等较为稳定的低钙水化物，从而提高浆液结石的抗溶蚀能力和防渗帷幕的耐久性。

粉煤灰的用量可高达50%（即在配方中水泥与粉煤灰的用量相同），但结石的强度将大大降低。因此，灌浆前应根据具体条件进行仔细的配比试验。

4. 硅粉水泥浆材

硅粉是冶金厂生产硅铁过程中的副产品，经冷凝而成的细球状颗粒。在水泥浆中掺入硅粉及减水剂后，不仅使浆液的可灌性和稳定性得到改善，而且由于硅粉中的活性SiO_2能与水泥水化放出的$Ca(OH)_2$发生反应生成低Ca/Si的CSH凝胶，这种凝胶的强度高于粗大而多孔的$Ca(OH)_2$晶体的强度，从而大大提高了浆液结石的强度。

20世纪80年代，硅粉水泥浆材已在很多加固工程中得到了成功的应用。硅粉水泥浆具备以下特点：

① 配方中的硅粉含量并不高，一般掺入6%～10%即能取得较好的效果。

② 水灰比较低，一般不超过0.6～0.8，试验证明大水灰比的结石强度反而低于不掺硅粉的浆液的结石强度。

③ 由于硅粉的比表面积很大，需水量很高，所以为了使浆液获得必需的流动性，有些配方还掺入了高效减水剂UNF－5。

硅粉对水泥浆的增强作用是显著的，而且仅需约两个月的时间就能达到其最高强度等级。

5. 黏土水泥浆

黏土是含水的铝硅酸盐，其矿物成分包括高岭石、蒙脱石及伊利石三种基本成分。以蒙脱石为主要成分的土称为膨润土，膨润土（尤其是钠膨润土）对制备优质浆液最为有利。因此，膨润土是一种水化能力极强、膨胀性大和分散性很高的活性黏土，在国内外工程中应用广泛。

黏土分散度高和亲水性好，所以沉淀析水性较小，在水泥悬液中加入黏土后，将会大大提高浆液的稳定性。

根据施工目的和要求的不同，黏土可看作是水泥浆的附加剂，掺入量较少；也可作为灌浆材料使用，掺入量有时比水泥量还要多。附加剂主要用于改善水泥浆的稳定性，对其他性能影响甚微；如作为主材料使用则会对浆液的物理力学性能产生重大的影响。当水泥浆掺入黏土时，其强度将会大大降低，因此黏土水泥浆材一般适宜加强防渗，而不宜作为加固灌浆材料。

6. 超细水泥

由于当前国内的水泥浆液颗粒材料较粗，其渗入能力受到限制，一般只能灌注宽度大于 0.2～0.3mm 的裂缝或孔隙，许多情况下不得不求助于昂贵的化学灌浆材料来解决水泥浆不能灌注的微细缝隙，而且有些化学灌浆材料还存在着环境污染的问题。

日本首先开发利用干磨法制成 d_{50} 为 4μm、比表面积约 8000cm^2/g 的 MC 超细水泥，可灌入渗透系数为 10^{-3}cm/s 的中细砂层。之后中国水利水电科学研究院也研制出了水平相近的 SK 型超细水泥，近几年浙江大学等单位又研制出了更细的 CX 型超细水泥，其 d_{50} 为 3～4μm。后来，日本又用湿磨法制成 d_{50} 为 3μm 的超细水泥。法国则用去除水泥中较大颗粒的办法制成颗粒小于 10μm 的“微溶胶”浆液，解决了一些工程问题。

超细水泥由于细度高且比表面积大，配制成流动性较好的浆液需水量较大，保水性又很强，把这种浆液注入地层后会因多余水分不易排出而使结石强度显著。

7. 聚氨酯浆材

聚氨酯是采用多异氰酸酯和聚醚树脂等作为主要原材料，再掺入各种外加剂配制而成的。浆液注入地层后，遇水便会发生反应，生成聚氨酯泡沫体，起到加固地基和防渗堵漏等的功效。

聚氨酯浆材又可分水溶性和非水溶性两大类。前者能与水以各种比例混溶，并与水发生反应生成含水胶凝体；而后者只能溶于有机溶剂。

（1）聚氨酯浆材的特点

聚氨酯浆材的特点是浆液黏度低，可注性好，结石具有较高的强度，可与水泥灌浆相结合，建立高标准防渗帷幕；浆液遇水发生反应，可用于动水条件下的堵漏，封堵各种形式的地下、地面及管道漏水，封堵牢固，止水见效快；安全可靠，不污染环境；耐久性好；操作简便，经济效益高。

目前在土木工程中应用比较广泛的是非水溶性聚氨酯，其中又以“二步法”的制浆效果最好。“二步法”又称预聚法，是把主剂先合成为聚氨酯的低聚物（预聚体），然后再把预聚体和外加剂按需要配成浆液。预聚体已由天津、常州和上海等地厂家成批生产。

（2）外加剂的种类

外加剂的种类主要有增塑剂、稀释剂、表面活性剂和催化剂四种。其中，增塑剂主要用来降低大分子间的相互作用力，提高材料的韧性，常用的有邻苯二甲酸二丁酯等；稀释剂主要用来降低预聚体或浆液的黏度，提高浆液的可注性。常用的有丙酮和二甲苯等，其中以丙酮的稀释效果为最好；表面活性剂主要用来提高泡沫的稳定性和改善泡沫的结构，常用的有吐温和硅油等；催化剂主要用来加速浆液与水的反应速度和控制发泡时间，常用的有三乙醇胺和三乙胺等。

8. 丙烯酰胺类及无毒丙凝浆材

这类浆材主要由主剂丙烯酰胺、引发剂过硫酸铵（简称 AP）、促进剂 β-二甲氨基丙腈（简称 DAP）和缓凝剂铁氰化钾（简称 KFe）等组成。对于该浆材，国外称 AM-9，国内则称丙凝。

丙凝的主要缺点是浆材具有一定的毒性，反复与丙烯酰胺粉末接触会影响中枢神经系统，对空气和水也存在着环境污染的问题。

1980年，美国研制成一种名为AC-400的浆材，1982年我国水科院也研制成了一种类似的浆材AC-MS。这类浆材的毒性仅为丙凝的1%，但其特性和功能均与AM-9相似，因此被称为无毒丙凝，是一种更为理想的灌浆材料。

9. 其他常见浆材

（1）硅酸盐类浆材

硅酸盐（水玻璃）灌浆是一种最为古老的灌浆工艺，也是当前主要的化学浆材，它占目前使用的化学浆液的90%以上。由于其具有无毒、价廉和可注性好等优点，欧美国家根据技术经济指标，仍然将硅酸盐浆材列在其他所有化学浆材的首位。

水玻璃（$Na_2O \cdot nSiO_2$）在酸性固化剂的作用下，可产生凝胶。水玻璃类浆液的类型有很多，具有实用价值且性能较好的浆液主要有水玻璃－氯化钙、水玻璃－铝酸钠、水玻璃－硅氟酸等。

（2）水泥水玻璃浆材

在水泥浆中加入水玻璃主要有两个作用：一是作为速凝剂使用，掺量较少，一般占水泥重的3%～5%；二是作为主材料使用，掺量较多，要根据灌浆目的和要求来确定。此处所讲的是指后一种情况。结合各地的实践经验，水泥水玻璃浆材的适宜配方大致为：水泥浆的水灰质量比为（0.8：1）～（1：1）；水泥浆与水玻璃的体积比为（1：0.6）～（1：0.8）。水玻璃的模数值为2.4～2.8，浓度为30～45B'_e。这些配方的凝结时间为1～2min，抗压强度变化在9～24MPa之间。

（3）木质素浆材

木质素浆材是以纸浆废液为主剂，加入一定量的固化剂所组成的浆液。它属于"三废利用"，源广价廉，是一种很有发展前途的灌浆材料。木质素浆材的类型目前有两种，即铬木素浆材和硫木素浆材，原因主要是现在仅有重铬酸钠和过硫酸铵两种固化剂能使纸浆废液固化。

铬木素浆材出现得较早，它以重铬酸钠为固化剂，该浆液含有6价铬离子，属于剧毒物质，可能会造成地下水污染。因此，这种浆材难以大规模使用。国内有关部门对其进行了研究，逐步从有毒到低毒，从低毒到无毒，最后出现了硫化木素浆材。

最早的铬木素浆材只有纸浆废液和重铬酸钠两种成分，但因这种浆液的凝胶时间较长，所以采用了三氯化铁作为促进剂，这样可缩短凝胶时间。为了提高其强度，又研制出铝盐和铜盐作为促进剂的铬木素浆材，但毒性均未减小。东北大学研究出了铬渣木素浆材，从而使铬木素浆材的毒性大幅度下降，同时由于使用铬渣，使成本也大大降低。

（4）改性环氧树脂浆材

环氧树脂是一种高分子材料，其具有强度高、黏结力强、收缩性小、化学稳定性好，并能在常温下固化等优点；但作为灌浆材料，它却存在着一些问题，如浆液的黏度大、可注性小、憎水性强，与潮湿裂缝黏结力差等。

近10年来，国内的一些单位为了克服环氧树脂浆材的上述缺点而进行了大量的试验研究和工程实践，已使环氧树脂成为优良的岩土加固浆材。其中中国水利水电科学研究院的改性环氧树脂（SK-E），具有黏度低、亲水性好、毒性较低及可在低温和水下灌浆等特点，尤其适用于混凝土裂缝及软弱岩基特殊部位的灌浆处理。

6.2　灌浆原理

6.2.1　浆液性质

灌浆材料的主要性质包括分散度、沉淀析水性、凝结性、热学性、收缩性、结石强度、结石渗透性和耐久性等。

1. 材料的分散度

材料的分散度是影响可注性的主要因素，一般分散度越高，可注性就越好。此外，分散度还会影响到浆液的一系列物理力学性质。

2. 沉淀析水性

在浆液搅拌的过程中，水泥颗粒处于分散和悬浮于水中的状态，但当浆液制成和停止搅拌时，除非浆液极为浓稠，否则水泥颗粒将在重力的作用下发生沉淀，并使水向浆液顶端上升。

沉淀析水性是影响灌浆质量的有害因素。浆液水灰比是影响析水性的主要因素。研究表明，当水灰（质量）比为1.0时，水泥浆的最终析水率可高达20%。由于浆液析水，可能会造成以下几种后果：

① 由于析水与颗粒沉淀现象是伴生的，所以析水的结果也将导致浆液流动性的变差。在灌浆过程中，颗粒的沉淀分层将会引起机具管路和地层孔隙的堵塞，严重时还可能会造成灌浆过程的过早结束，并会降低灌浆体结石强度的均匀性。

②如果析水发生在灌浆结束之后，则颗粒的沉淀分层将会使浆液的密度在垂直方向上发生变化，浆液的析水将会使结石率降低，从而在灌浆体中形成空穴。若不进行补注，则会使灌浆效果降低。

③由于水泥颗粒凝结所需的水灰（质量）比仅为0.25～0.45，远远小于灌浆时所用的水灰比，因此只有将多余水分尽量排走，才能使灌浆体获得必要的强度。沉淀析水也是渗入性灌浆的一种理论依据。因此，如果析水现象发生在适当的时刻，且有浆液补充因析水而形成的空隙，则浆液的析水现象不但无害，甚至是必需的。

3. 凝结性

浆液的凝结过程被分为两个阶段：一是初期阶段，浆液的流动性减少至不可泵送的程度；二是硬化阶段，凝结后的浆液随时间而逐渐硬化。研究表明，水泥浆的初凝时间一般在2～4h之间，黏土水泥浆所需时间则更长。由于水泥微粒内核的水化过程非常缓慢，所以水泥结石强度的增长将延续几十年。

4. 热学性

由水化热而引起的浆液温度主要取决于水泥的类型、细度、水泥含量、灌注温度和绝热条件等因素。例如，当水泥的比表面积由$250m^2/kg$增至$400m^2/kg$时，水化热的发展速度将提高约60%。

当大体积灌浆工程需要控制浆温时，可采取低热水泥、低水泥含量及降低拌和水温度等措施。当采用黏土水泥浆灌注时，一般不存在水化热问题。

5. 收缩性

浆液及结石的收缩性主要受环境条件的影响，潮湿养护的浆液只要长期维持其潮湿条件，不仅不会收缩还可能随时间而略有膨胀。反之，干燥养护的浆液或潮湿养护后又使其处于干燥的环境中，则可能发生收缩。一旦发生收缩，就会在灌浆体中形成细微的裂隙，从而使浆液效果降低。因此在灌浆设计中应采取相应地预防措施。

6. 结石强度

影响结石强度的因素主要包括浆液的起始水灰比、结石的孔隙率、水泥的品种及掺合料等，其中以浆液浓度最为重要。

7. 结石渗透性

结石的渗透性与结石的强度一样，也与浆液的起始水灰比、水泥含量及养护龄期等诸多因素有关。不论是纯水泥浆还是黏土水泥浆，其渗透性都很小。

8. 耐久性

水泥结石在正常条件下是耐久的，但如果灌浆体长期受到水压力的作用，则可能使结石破坏。

当地下水具有侵蚀性时，宜根据具体情况选用矿渣水泥、火山灰水泥、抗硫酸盐水泥或高铝水泥。由于黏土料基本不受地下水的化学侵蚀，所以黏土水泥结石的耐久性要好于纯水泥结石。此外，结石的密度越大、透水性越小，则灌浆体的寿命就越长。

研究证明，实际工程中的溶蚀破坏速度比理论值要慢。表 6-1 所列为在三个混凝土重力坝坝基中的实测资料。从表中可以看出水泥灌浆帷幕的溶蚀现象是不可避免的，但溶蚀速度却相当缓慢。

表 6-1　水泥帷幕化学溶蚀

坝号	坝高（m）	水泥耗量		氧化钙总量（kg）	氧化钙总耗失量（kg）	氧化钙损失百分数（%）	观测时间（a）
		单耗（kg/m）	总耗（kg）				
1	36	120	510	306	15.58	5	9
2	124	1200	250000	150000	302.97	0.2	3
3	65	640	120000	72000	15.99	0.02	5

6.2.2　灌浆机理和灌浆设计

1. 灌浆方法

灌浆目的有加固灌浆和堵水防渗灌浆两类。灌浆方法有很多，其分类也没有一个统一的标准，按灌浆机理可分为以下几种常用的灌浆方法：

① 充填灌浆法。充填灌浆法是向具有大裂隙、洞穴的岩土体或地下工程结构体壁后空洞灌浆的一种方法。

② 渗透灌浆法。渗透灌浆法是指在压力作用下，在不改变地层结构和颗粒排列的原则下，把浆液填充到岩土地层孔隙或裂隙中，并向地层深处渗透的灌浆方法。该方法常用于裂隙发育的岩石、中砂以上的砂性土及砂砾石层灌浆。

对粒状浆材，其颗粒尺寸必须能进入孔隙或裂隙中，因而存在一个可灌性问题，

可以用灌比值 N 表示。对于砂砾石，N 可按下式计算：

$$N=\frac{D_{15}}{d_{85}}\geqslant 10\sim 15 \tag{6-1}$$

式中　D_{15}——砂砾石中含量为 15％的颗粒尺寸；

d_{85}——灌浆材料中含量为 85％的颗粒尺寸。

浆液黏度是渗透性灌浆的另一主要影响因素。黏度越大，其流动阻力越大，要求能灌注的孔隙尺寸也越大。此外，其黏度随时间而增加，也会对灌浆有重大影响。在渗透灌浆中影响浆液扩散范围的因素，有地层的渗透系数（或裂隙或空隙尺寸）、浆液的黏度、灌浆压力、灌浆时间等。

③ 压密灌浆法。压密灌浆法是指用较高的压力向土中灌入浓度较大的浆液，使浆液在灌浆管端部附近形成浆泡。开始时灌浆压力基本上沿径向扩散，随着浆包尺寸逐渐增大，便会发生较大的上抬力，使地面上升，或使下沉的建筑物回升，而且位置可控制的相当精确，因而可用于建筑物的纠倾中。由于在用浓浆置换和压密土体过程中，浆泡周边有较高压力，可使紧靠浆泡的土产生塑性变形而受到扰动，密度和强度都可能暂时降低，但在周围 0.3～2.0m 范围内的土体可被压密。饱和黏土地基如排水条件不良，有可能产生高孔隙压力，这时就要改善排水条件或将降低注浆速率。浆液在灌浆压力下挤入地层，浆液多呈脉状或条状胶结地层，该方法多用于黏性土。

④ 劈裂灌浆法。劈裂灌浆法是指在低渗透性地层中灌浆，在较高压力的作用下，浆液先后克服地层内的初始应力和抗剪抗拉强度，使其在地层内发生水力劈裂作用，从而破坏和扰动地层结构，使地层内产生一系列裂隙，并使原有孔隙或裂隙进一步扩展，以促进浆液的可注性和扩散范围的增大。该方法一般适用于渗透系数小、颗粒很小的细、粉砂土或黏土中。这是一种特殊的灌浆机理和技术，能有效地用于处理一些特殊问题，如土石坝黏土心（斜）墙的防渗加固处理。

⑤ 电动化学灌浆法。电动化学灌浆法是指施工中在预先需要加固的地层中把两个电极按一定的电极距置于地层中，将有孔的金属管作为灌浆管，接到直流电源的正极上，并将另极接到电源的负极上，使注入压力与电渗方向一致。在电渗的作用下，孔隙或裂隙水由正极流向负极，使通电区域中地层含水量降低，形成渗浆通道，从而使浆液随之注入到地层中。

由于建设工程的需要，近年来，灌浆方法发展得很快，而且种类繁多，除了上述介绍的几种典型灌浆法以外，灌浆法还从脉状灌浆、渗透灌浆发展到应用多种材料的复合灌浆法或综合灌浆法；从钻杆灌浆、过滤管灌浆发展到双层过滤管灌浆和多种形式的双层管瞬凝灌浆法；从无向压灌浆发展到双层过滤管灌浆和多种形式的双层管瞬凝灌浆法；从无向压灌浆发展到通电、抽水、压气和旋喷、摆喷或定向高压喷射等多种诱导灌浆法；通过预处理及孔内爆破等方法，可大大提高浆液的可注性，从而扩大了灌浆的应用范围。随着灌浆技术在工程应用中的深入，灌浆方法的研究也显得越来越重要了。

2. 灌浆主要参数

灌浆参数是影响灌浆效果的最重要因素之一，因采用的灌浆方法不同而有所差异，而且灌浆参数的确定比较困难，一直是灌浆技术和灌浆效果研究的一个主要方向。

(1) 灌浆压力

灌浆压力是浆液在地层中扩散的动力，将会直接影响到灌浆加固或防渗效果，同时灌浆压力也会受地层条件、灌浆方法和灌浆材料等因素的影响和制约。灌浆压力的大小应根据具体的工程情况来确定，一般化学灌浆的压力要比水泥灌浆时小很多；浅部灌浆的压力要小于深部地层灌浆；渗透系数大的地层灌浆压力要小于渗透系数小的地层。在土石坝基础灌浆工程中，灌浆压力一般为 1～3MPa，许多地层表面浅部灌浆压力只有 0.2～0.3MPa。地下隧道或巷道围岩灌浆压力最大可达 6MPa 以上，而最小则仅有 1MPa 左右。

(2) 扩散半径

扩散半径或有效扩散距离随着地层渗透系数、裂隙开度、灌浆压力、注入时间的增加而增大，一般只要地质及上部建筑物允许灌浆压力就尽量选择大的，灌浆压力应根据灌浆试验的成果来确定。根据工程实践经验，灌浆压力一般会随着浆液浓度和黏度的增加而减小。扩散半径或有效扩散距离可用一些理论公式，并结合类似的工程经验进行估算，但是由于涉及因素太多，所以一般均通过工程试验来确定。

(3) 凝固时间

浆液凝固时间是浆液本身的特性，有时因为工程的不同需要，还会在浆液中加入适量的速凝剂、早强剂、塑化剂、分散剂、缓凝剂、膨胀剂等附加剂来调节凝固时间或改善浆液的其他性能。工程要求浆液的凝固时间可在几秒至几小时的范围内随意调节，并能准确地控制。浆液一旦发生凝固就在瞬间完成，凝固前浆液黏度变化不大。几种典型浆液的凝固时间为：单液水泥浆为 1～1100min；水泥水玻璃双液浆为几秒至几十分钟；丙烯酰胺类浆液为几秒至几十分钟。

3. 灌浆设计

根据地质条件、工程类型、处理目的和要求，初步选择灌浆方案，内容包括扩散范围、灌浆材料、灌浆方法等。一般应优先考虑水泥系浆材，在特殊情况下才考虑化学浆材。

(1) 灌浆标准

水利工程岩石基础处理分为帷幕灌浆和固结灌浆。固结灌浆的目的是提高岩基的整体性和强度，减小岩基变形；帷幕灌浆的目的是满足防渗的要求。固结灌浆一般按变形模量或声波速度确定灌浆标准。如有强度要求时按设计要求确定，通过灌浆试验确定相应的浆材配比及工艺。

土石坝一般多为粗颗粒地基，变形和强度一般情况下可满足要求。若不满足要求时，可采用振冲法等方法进行地基处理。防渗可用黏土心（斜）墙或灌浆。

防渗灌浆通常有三种标准：

① 达到相对不透水层。

② 截断强透水层，达到弱透水性地层。如土石坝达到 0.03～0.05L/（min·m^2），混凝土坝≤0.01L/（min·m^2）。

③ 按经验深度达到 1/2 或 1/3 水头。

(2) 确定钻孔布置

钻孔布置包括布置形式及孔排距，以便在相同效果的前提下，使钻孔和灌浆总费用最低。

假定浆液扩散半径 R_0 为已知，浆液呈现图 6-2 灌浆帷幕有效厚度柱状扩散，则两圆必须相交才能形成一定的厚度 e，而 e 又取决于孔距 L，即：

$$e=2\sqrt{R_0^2-\left(\frac{L}{2}\right)^2} \tag{6-2}$$

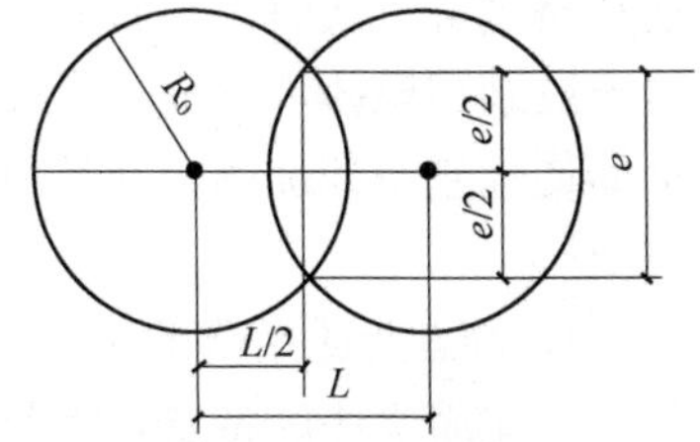

图 6-2　帷幕灌浆

式中　e——帷幕灌浆扩散等效圆的交圈厚度（m）；

R_0——帷幕灌浆扩散等效圆的半径（m）；

L——帷幕灌浆孔位间距（m）。

为达到同样的厚度 e，可以加大或减小 R_0 和 L。

加大 L 可减小钻孔数量，节省钻孔费用，但必须同时加大 R_0。这将使灌浆时间加长，废浆较多，增大灌浆费用。故应进行优化选择，使钻孔和灌浆综合费用最小。

当单排帷幕灌浆孔厚度不能满足防渗要求时，可布置 2～3 排孔。孔距为 $1.73R_0$ 时，此时排距为 $1.5R_0$，两排正好搭接，是一种最优的设计，孔位为三角形布置，效率最高（图 6-3）。

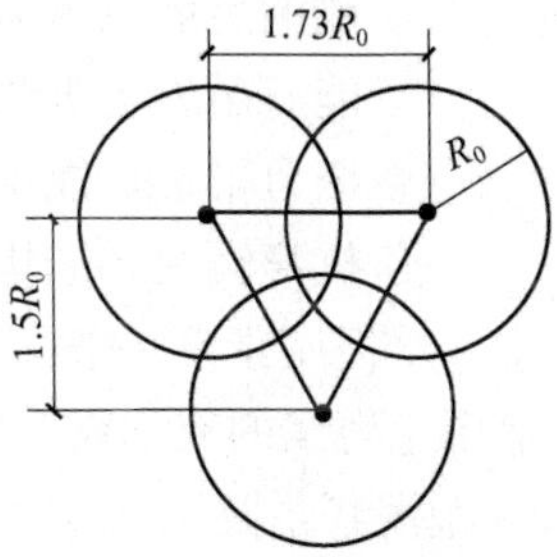

图 6-3　多排帷幕灌浆

（3）确定灌浆压力

在渗透灌浆时，以不破坏地层的天然结构为原则，确定允许灌浆压力 P。确定的方法有：

① 在灌浆试验中，逐级增加压力，测定注浆量，绘制压力与注浆量间的关系曲线，在注浆量突然增加时，相应的压力为允许灌浆压力。

② 按经验确定，然后在灌浆过程中按具体情况调整，例如：

砂砾地基：
$$P=c\,(0.75T+K\lambda h) \tag{6-3}$$

岩石地基：
$$P=P_0+mT \tag{6-4}$$

式中　c——与灌浆次序有关的系数，第一序孔 $c=1$，第一序孔 $c=1.25$，第三序孔 $c=1.5$；

T——盖重层厚度（m）；

K——与灌浆方式有关的系数。自上而下灌浆时，$K=0.8$，自下而上灌浆时，$K=0.6$；

λ——与地层性质有关的系数，在 0.5～1.5 之间选用。结构疏松取低值，结构紧密取高值；

h——地面至灌浆段深度；

P_0——取决于基岩性质，在 0.25～3.0kg/cm² 取用；

m——取决于岩基性质及灌浆方法，在 0.25～3.0 取用。

6.3　灌浆工艺

6.3.1　水泥灌浆法

水泥灌浆地基是将水泥浆通过压浆泵、灌浆管均匀地注入到土体中，以填充、渗透和挤密等方式驱走岩石裂隙中或土颗粒间的水分和气体，并填充其位置，硬化后将岩土胶结成整体，形成一个强度大、压缩性低、抗渗性高和稳定性良好的新的岩土体，从而使地基得到加固，并且可防止或减少渗透和不均匀沉降，在建筑工程中应用较为广泛。

1. 特点及适用范围

水泥灌浆法的特点是能与岩土体结合形成强度高、渗透性小的结石体；取材容易，配方简单，操作易于掌握；无环境污染，价格便宜。

水泥灌浆适用于软黏土、粉土、新近沉积黏性土、砂土提高强度的加固和渗透系数较大的土层、已建工程局部松软地基的加固以及岩石地基节理裂隙的加固。

2. 机具设备

灌浆所采用的设备主要是压浆泵，应根据以下原则选用：

① 能满足灌浆压力的要求，一般为灌浆实际压力的1.2～1.5倍；

② 能满足岩土吸浆量的要求；

③ 压力稳定，能保证安全可靠地运转；

④ 机身轻便，结构简单，易于组装、拆卸、搬运。

水泥压浆泵一般多用泥浆泵或砂浆泵来代替。国产泥浆泵、砂浆泵的类型较多，常用于灌浆的有BW－250/50型、TBW－200/40型、TBW－250/40型、NSB－100/30型泥浆泵及100/15（C－232）型砂浆泵等。配套机具有搅拌机、灌浆管、阀门、压力表等，此外还有钻孔机等机具设备。

3. 材料要求及配合比

（1）水泥

采用强度等级为32.5或42.5的普通硅酸盐水泥，在特殊条件下也可使用矿渣水泥、火山灰质水泥或抗硫酸盐水泥，要求新鲜无结块。

（2）水

采用一般饮用淡水，但不得采用含硫酸盐大于0.1%、氯化钠大于0.5%以及含过量糖、悬浮物质、碱类的水。

灌浆一般采用净水泥浆，水灰比的变化范围在0.6～2.0之间，常用水灰比为（0.8：1）～（1：1）；要求快凝时，可采用快硬水泥或在水中掺入水泥用量1%～2%的氯化钙；如要求缓凝时，则可掺加水泥用量为0.1%～0.5%的木质素磺酸钙；也可掺入其他外加剂以调节水泥浆性能。在裂隙或孔隙较大、可注性良好的地层，可在浆液中掺入适量的细砂，或配合比为（1：0.5）～（1：3）的粉煤灰，以节约水泥用量，更好地充填，并可减少收缩，对不以提高固结强度为主要目的的松散土层，也可在水泥浆中掺加细粉质黏土配成水泥黏土浆，体积比为水泥：土＝1：（3～8），以提高浆液的稳定性，防止沉淀和析水，使填充更加密实。

4. 施工工艺和施工方法

（1）裂隙岩石灌浆

岩石灌浆一般分为以下步骤：钻孔→冲洗钻屑或夹层中的松软材料→进行压水试验→注浆。

注浆方法有自上而下孔口封闭分段灌浆法、自下而上栓塞分段灌浆法及自上而下栓塞分段灌浆法，工程上通常采用前、后两种方法。灌浆采用分级增加灌浆压力，浆液逐级由稀到浓，最后在最大灌浆压力下闭浆 30～60min，以排除灌入浆液中的多余水分。

（2）砂砾石灌浆

对于砂砾石地基灌浆也可采用花管灌浆法，该方法利用吊锤直接将灌浆花管打入到砂砾层中。花管由厚壁无缝钢管、花管和锥形管尖组成。将管内淤砂冲洗完之后，即可自下而上的分段拔管灌浆。灌浆方法可采用自流式，也可采用压力灌浆，但都是注完一段后，将灌浆管拔起一段高度，重复上述工序，如此一段一段地自下而上的依次拔管，逐段灌浆。此种方法设备简单、操作方便，多用于较浅的砂砾层，遇有大砾石层仍宜用边钻孔边设套管，在套管内下花管灌浆的方法。

水泥灌浆的工艺流程为：钻孔→下灌浆管、套管→填砂→拔套管→封口→边灌浆边拔灌浆管→封孔。

地基灌浆加固之前，应通过试验来确定灌浆段的长度、灌浆孔距、灌浆压力等有关技术参数；灌浆段的长度应根据土的裂隙、松散情况、渗透性及灌浆设备的能力等条件选定。在一般地质条件下，段长多控制在 5～6m 之间；在土质严重松散、裂隙发育、渗透性强的情况下，宜为 2～4m；灌浆孔距一般不宜大于 2.0m，单孔加固的直径范围可按 1～2m 进行考虑。孔深视土层加固深度而定。灌浆压力是指灌浆段所受的全压力，即孔口处压力表所指示的压力，所用压力的大小应视钻孔深度、土的渗透性及水泥浆的稠度等而定，一般为 0.3～0.6MPa。

灌浆施工方法是先在加固地基中按照规定位置用钻机或手钻钻孔至要求的深度，孔径一般为 55～100mm，并探测地质情况，然后在孔内插入直径为 38～50mm 的灌浆射管，距离管底部 1.0～1.5m 的管壁上钻有灌浆孔，在射管之外设有套管，在射管与套管之间用砂填塞。地基表面的空隙用 1∶3 水泥砂浆或黏土、麻丝填塞，之后拔出套管，用压浆泵将水泥浆压入射管并透入到土层孔隙中。水泥浆应连续一次压入，不得中断。灌浆宜先从稀浆开始，逐渐加浓。灌浆顺序一般为：将射管一次沉入整个深度后，自下而上的分段连续进行，分段拔管直到孔口为止。灌浆宜间歇进行，第一组孔灌浆结束后，再注第二组、第三组。

灌浆完毕之后，拔出灌浆管，用 1∶2 水泥砂浆或细砂砾石将留孔填塞密实，也可用原浆压浆堵口。

灌浆充填率应根据加固土要求达到的强度指标、加固深度、灌浆流量、土体的孔隙率和渗透系数等因素来确定。饱和软黏土的一次灌浆充填率不宜大于 0.15～0.17。

（3）水泥和化学灌浆的联合应用

在灌浆处理效果要求较高的情况下，可采用水泥和聚氨酯联合灌浆帷幕，以提高防渗处理标准，采用水泥和改性环氧联合的固结灌浆，尽可能提高加固质量。这时先用水泥浆灌注，以封堵较大裂缝和孔隙，然后用化学浆灌注细微裂隙，达到最大可能的密实度。一般是两边排灌水泥浆，中间排灌化学浆，或下游排灌水泥浆，上游排灌化学浆，水泥浆灌注时根据情况可采用劈裂灌浆技术，以充分发挥水泥浆脉的骨架作用，其在水电工程的坝基处理中已有成功实例。

(4) 土坝土堤的劈裂灌浆防渗处理

由于土质堤坝的小主应力面是沿轴线方向的，水力劈裂裂缝也沿轴线方向延伸浆液进入劈裂缝并固化后，形成防渗泥墙，截断渗流通道，是一种行之有效的经济快速的处理方法。

我国已成功地用黏土浆浆液处理大量土坝缺陷，或掺加少量水泥，固化后与周围土体浑然一体，效果良好。

6.3.2 硅化法和盐碱法

硅化灌浆法也称硅化法，采用这种方法处理地基是指利用硅酸钠（水玻璃）为主剂的混合溶液（或水玻璃水泥浆为主剂），通过灌浆管均匀地注入到地层中，浆液赶走土粒间或岩土裂隙中的水分和空气，并将岩土胶结成整体，形成强度较大、防水性能良好的结石体，从而使地基得到加强。

1. 硅化法

根据浆液注入的方式，可将硅化法分为压力硅化、电动硅化和加气硅化三类。

(1) 压力硅化法

压力硅化根据溶液的不同，又可分为压力双液硅化法、压力单液硅化法和压力混合液硅化法三种。

单液是指将水玻璃单独压入含有盐类（如黄土）的土中，同样使水玻璃与土中钙盐发生反应生成硅胶，将土粒胶结。双液是指将水玻璃和氯化钙溶液用泵或压缩空气通过注液管轮流压入到土中，溶液接触并发生反应后生成硅胶，将土的颗粒胶结在一起，使其具有强度和不透水性。氯化钙溶液的作用主要是加速硅胶的形成。混合液硅化法是将水玻璃和铝酸钠混合液一次压入土中，水玻璃与铝酸钠发生反应，生成硅胶和硅酸铝盐的凝胶物质，黏结砂土，起到加固和堵水的作用。

单液硅化法和碱液法适用于处理地下水位以上且渗透系数为 0.10～2.00m/d 的湿陷性黄土等地基。在自重湿陷性黄土场地采用碱液法时，应通过试验来确定其适用性。

适合采用单液硅化法或碱液法的建（构）筑物主要包括：

① 沉降不均匀的既有建（构）筑物和设备基础；

② 地基受水浸湿引起湿陷，需要立即阻止湿陷继续发展的建（构）筑物或设备基础；

③ 拟建的设备基础和构筑物。

采用单液硅化法或碱液法加固湿陷性黄土地基时，应于施工前在拟加固的建（构）筑物附近进行单孔或多孔灌注溶液试验，从而确定灌注溶液的速度、时间、数量或压力等参数。

灌注溶液试验结束以后，隔 7～10d，应在试验范围的加固深度内测量加固土的范围，并取土样进行室内试验，测定加固土的压缩性和湿陷性等指标。必要时，还应通过浸水荷载试验或其他原位测试来确定加固土的承载力和湿陷性。

对酸性土和已渗入沥青、油脂及石油化合物的地基土，不宜采用单液硅化法和碱液法。

(2) 电动硅化法

电动硅化法也称电动双液硅化法或电化学加固法，是指在压力双液硅化法的基础上设置电极通入直流电，通过电渗作用扩大溶液的分布半径。施工时，将由孔灌浆液管作为阳极，铁棒作为阴极（也可用滤水管进行抽水），将水玻璃和氯化钙溶液先后从阳极压入到土中。通电后，孔隙水从阳极流向阴极，而化学溶液也随之渗流分布于土的孔隙中，经化学反应后生成硅胶，通过电渗作用还能够使硅胶部分脱水，加速加固过程，并增加其强度。

（3）加气硅化法

先在地基中注入少量二氧化碳（CO_2）气体，使土中的空气部分被 CO_2 所取代，从而使土体活化；然后将水玻璃压入到土中，再灌入 CO_2 气体，由于碱性水玻璃溶液强烈地吸收 CO_2 而形成自真空作用，促使水玻璃溶液在水中均匀分布，并渗透至土的微孔隙中，使 95%～97%的孔隙被硅胶所填充，在土中起到胶结作用，从而使地基得到加固。

（4）硅化法特点及适用范围

硅化法的特点是：设备工艺简单，使用机动灵活，技术易于掌握，加固效果好，可提高地基强度，消除土的湿陷性，降低压缩性。根据检测，采用双液硅化的砂土其抗压强度可达 1.0～5.0MPa；采用单液硅化的黄土其抗压强度可达 0.6～1.0MPa。

采用压力混合液硅化的砂土其强度可达 1.0～1.5MPa。采用加气硅化法要比采用压力单液硅化法加固黄土的强度高出 50%～100%，可有效地减少附加下沉，使加固土的体积增大 1 倍，水稳性提高 1～2 倍，渗透系数降低可达数百倍，水玻璃用量可减少 20%～40%，成本降低 30%。

各种硅化方法的适用范围应根据被加固土的种类、渗透系数来确定。硅化法多用于局部加固新建或已建建（构）筑物的基础、稳定边坡及作防渗帷幕等。但硅化法不适用于为沥青、油脂和石油化合物所浸透和地下水酸碱度大于 9.0 的土。

（5）机具设备及材料要求

硅化灌浆的机具设备，主要有振动打拔管机（振动钻或三角架穿心锤）、灌浆花管、压力胶管、$\phi 42$ 的连接钢管、齿轮泵或手摇泵、压力表、磅秤、浆液搅拌机、储液罐、三角架、倒链等。

灌浆材料包括以下几种：

① 水玻璃，模数宜为 2.5～3.3，不溶于水的杂质含量不得超过 2%，颜色为透明或稍带浑浊；

② 氯化钙溶液，pH 值≥5.5～6.0，每 1L 溶液中的杂质含量不得超过 60g，悬浮颗粒不得超过 1%；

③ 铝酸钠，含铝量为 180g/L，苛化系数为 2.4～2.5；

④ 二氧化碳，采用工业用二氧化碳（压缩瓶装）。

采用水玻璃水泥浆灌浆时，水泥宜采用强度等级为 32.5 的普通水泥，要求新鲜无结块；水玻璃模数一般取 2.4～3.0，浓度宜为（30～45）$^0B'_e$。水泥水玻璃的配合比：水泥浆的水灰比为（0.8：1）～（1：1）；水泥浆与水玻璃的体积比为（1：0.6）～（1：1）。对于孔隙较大的土层也宜采用“三水浆”，常用配合比为水泥：水：水玻璃：细砂＝1：（0.7～0.8）：适量：0.8。

(6) 单液硅化法设计

按灌注溶液的工艺，可将单液硅化法分为压力灌注和溶液自渗两种。

压力灌注可用于加固自重湿陷性黄土场地上拟建的设备基础和构筑物地基，也可用于加固非自重湿陷性黄土场地上的既有建（构）筑物和设备基础地基。

溶液自渗宜用于加固自重湿陷性黄土场地上的既有建（构）筑物和设备基础地基。

单液硅化法应由浓度为10%～15%的硅酸钠（$Na_2O \cdot nSiO_2$）溶液，掺入25%的氯化钠组成。其相对密度宜为1.13～1.15，并不应小于1.10。硅酸钠溶液的模数宜为2.5～3.3，其杂质含量不应大于2%。

当硅酸钠溶液的浓度大于加固湿陷性黄土所要求的浓度时，应加水将其稀释。

采用单液硅化法加固湿陷性黄土地基时，灌注孔的布置应符合下列要求：

① 灌注孔的间距。压力灌注宜为0.80～1.20m；溶液自渗宜为0.40～0.60m。

② 加固拟建的设备基础和建（构）筑物地基，应在基础底面下按等边三角形进行满堂布置，超出基础底面外缘的宽度，每边不得小于1m。

③ 加固既有的建（构）筑物和设备基础地基，应沿基础侧向布置，每侧不宜少于2排。当基础底面的宽度大于3m时，除了应在基础每侧布置两排灌注孔以外，必要时还可在基础两侧布置斜向基础底面中心以下的灌注孔或在其台阶上布置穿透基础的灌注孔，以加固基础底面下的土层。

(7) 施工工艺方法要点

① 施工之前，首先应在现场进行灌浆试验，确定各项技术参数。

② 灌注溶液的钢管可采用内径为20～50mm、壁厚大于5mm的无缝钢管。该钢管由管尖、有孔管、无孔接长管及管头等组成。管尖做成25°～30°的圆锥体，尾部带有丝扣与有孔管连接；有孔管一般长0.4～1.0m，每米长度内有60～80个直径为1～3mm向外扩大成喇叭形的孔眼，分4排交错排列；无孔接长管一般长1.5～2.0m，两端有螺纹。电极采用直径不小于22mm的钢筋或直径为33mm的钢管。通过不加固土层的灌浆管和电极表面，必须涂沥青绝缘，以防电流损耗和作防腐用。灌浆管网系统包括输送溶液和输送压缩空气的软管、泵、软管与灌浆管的连接部分、阀等，其规格应能适应灌注溶液所采用的压力。泵或空气压缩设备应能以0.2～0.6MPa的压力，向每个灌浆管供应15L/min的溶液压入土中。土的加固可分层进行，砂类土每一加固层的厚度为灌浆管有孔部分的长度加0.5R；湿陷性黄土及黏土类土应根据试验确定。

③ 灌浆管的设置可借打入法或钻孔法（振动打拔管机、振动钻或三角架穿心锤）沉入土中，并保持垂直和距离正确，管四周孔隙用土填塞夯实。电极可采用打入法或先钻孔2～3m再打入。

④ 硅化加固的土层以上应保留厚度为1m的不加固土层，以防溶液上冒，必要时还须夯填素土或打灰土层。

⑤ 灌注溶液的压力一般在0.2～0.4MPa（始）和0.8～1.0MPa（终）之间。采用电动硅化法时，不得超过0.3MPa（表压）。

⑥ 土的加固顺序一般宜自上而下进行，如土的渗透系数随深度的增加而增大时，则应自下而上进行加固。如相邻土层的土质不同时，渗透系数较大的土层则应先进行

加固。灌注溶液的顺序应根据地下水的流速来确定，当地下水的流速为1m/d时，向每个加固层自上而下地灌注水玻璃，然后再自下而上地灌注氯化钙溶液，每层的厚度为0.6～1.0m；当地下水的流速为1～3m/d时，轮流将水玻璃和氯化钙溶液均匀地注入到每个加固层中；当地下水的流速大于3m/d时，应同时将水玻璃和氯化钙溶液注入，以降低地下水的流速，然后再轮流将两种溶液注入到每个加固层中。采用双液硅化法灌注时，应先由单数排的灌浆管压入，然后再从双数排的灌浆管压入：采用单液硅化法时，溶液应逐排灌注。

⑦ 压力灌注溶液的施工步骤应符合下列要求：

a. 向土中打入灌注管和灌注溶液，应自基础底面标高起向下分层进行，达到设计深度将管拔出，清洗干净可继续使用；

b. 加固既有建筑物地基时，在基础侧向应先施工外排，后施工内排；

c. 灌注溶液的压力值应由小至大逐渐增加，但最大压力不宜超过200kPa。

⑧ 溶液自渗的施工步骤应符合下列要求：

a. 在基础侧向，将设计布置的灌注孔分批或全部打（或钻）至设计深度；

b. 将配好的硅酸钠溶液注满各灌注孔，溶液面宜高出基础底面标高0.50m，使溶液自行渗入土中；

c. 在溶液的自渗过程中，每隔2～3h，向孔内添加一次溶液，以防孔内溶液渗干。

施工中应经常检查各灌注孔的加固深度、注入土中的溶液量、溶液的浓度及有无沉淀现象。采用压力灌注时，应经常检查在灌注溶液的过程中，溶液是否从灌注孔冒出地面。如发现溶液冒出地面，则应立即停止灌注，并采取有效措施处理后再继续灌注。

设计溶液量全部注入土中后，所有灌注孔宜用2∶8灰土分层回填夯实。

采用单液硅化法加固既有建（构）筑物或设备基础地基时，在灌注硅酸钠溶液的过程中，应进行沉降观测，如发现建（构）筑物和设备基础的沉降突然增大或出现异常情况，则应立即停止灌注溶液，待查明原因并采取有效措施予以处理后，再继续进行灌注。

采用双液硅化时，两种溶液的用量应相等。

⑨ 电动硅化是在灌注溶液的时候，同时通入直流电，电压梯度采用0.50～0.75V/cm。电源可由直流发电机或直流电焊机供给。灌注溶液与通电工作要连续进行，通电时间最长不得超过36h。为了提高加固的均匀性，可采用每隔一定时间后，变换电极改变电流方向的办法。加固地区的地表水，应注意疏通了。

⑩ 加气硅化工艺与压力单液硅化法大致相同，都是只在灌浆前先通过灌浆管加气，然后灌浆，再加一次气，即完成施工过程。

土的硅化完毕之后，用桩架或三角架借倒链或绞磨将管子和电极拔出，并用1∶5水泥砂浆或黏土将遗留孔洞填实。

2. 碱液灌浆法

碱液灌浆法加固地基是指将一定浓度、温度的碱液借自重注入到黄土中，与土中的二氧化硅及二氧化铝、氧化钙、氧化镁等可溶性及交换性碱土金属阳离子发生置换反应，逐渐在土粒外壳形成一层主要成分为钠硅酸盐及铝硅酸盐的胶膜，牢固地胶结着土颗粒，从而提高土的强度，使土体得到加固。

碱液加固地基根据不同成分的土，可分别采用单液（NaOH 溶液）或双液（NaOH 溶液和 $CaCl_2$溶液）。对于钙、镁离子饱和的黏性土，一般多采用单液加固，对于钙、镁离子含量较少的土，则可采用双液法，即在注完碱液后，再注入氯化钙溶液，从而生成加固土所需要的氢氧化钙与水硬性的胶结物（nSiO·xH_2O），与土颗粒起到一定的胶结作用。

（1）特点及适用范围

碱液加固的特点是可有效地提高地基强度（可达 0.5MPa，相当天然土的 2～5 倍），同时可大大消除或完全消除湿陷性、降低压缩性、提高水稳性，而且使用施工设备简单、操作容易、材料易得、费用仅为硅化法的 1/3。

碱液加固适用于湿陷性黄土地基；对于黏性土、素填土、地下水位以下的黄土地基，经试验有效时也可应用，但长期受酸性污水侵蚀的地基不宜采用。

（2）机具设备及材料要求

灌注孔可用洛阳铲、螺旋钻成孔或用带有尖端的钢管打入土中成孔，孔径为 60～100mm，孔中填入粒径为 20～40mm 的石子，直至注液管下端标高处，再将内径为 20mm 的注液管插入到孔中，管底以上 300m 高度范围内填入粒径为 2～5mm 的小石子，其上用 2∶8 灰土填入并夯实。

碱液可用固体烧碱或液体烧碱配制，加固 1m^3 黄土需要 NaOH 的量约为干土质量的 3%，即 35～45kg。碱液浓度不应低于 90%，常用浓度为 90～100g/L。

双液加固时，氯化钙溶液的浓度为 50～80g/L。

配制溶液时，应先放水，然后再徐徐放入碱块或浓碱液。

应在盛溶液桶中将碱液加热至 90℃以上再进行灌注，灌注过程中桶内溶液的温度应始终保持不低于 80℃。

灌注碱液的速度宜为 2～5L/min。

碱液的加固施工应合理安排灌注顺序和控制灌注速率。宜间隔 1～2 孔灌注，并分段施工。相邻两孔灌注的间隔时间不宜少于 3d。同时，灌注的两孔间距不应小于 3m。

当采用双液加固时，应先灌注 NaOH 溶液，间隔 8～12h 后，再灌注 $CaCl_2$溶液，后者用量为前者的 1/4～1/2。

施工中应防止污染水源，并应进行安全操作。

碱液加固机具设备包括储浆桶、注液管、输浆胶管和阀门及加热设备等。

碱液加固所用的 NaOH 溶液其浓度应大于 30%或用固体烧碱加水配制。对于 NaOH 含量大于 50g/L 的工业废碱液和用土碱及石灰烧煮而成的土烧碱液，经试验对加固有效时也可使用。配制好的碱液中，其不溶性杂质含量不宜超过 1g/L，Na_2CO_3含量不应超过 NaOH 的 5%。

$CaCl_2$溶液要求杂质含量不超过 1g/L，而悬浮颗粒不得超过 1%，pH≥5.5～6.0。

（3）施工工艺方法要点

① 加固之前应在原位进行单孔灌浆试验，以确定单孔加固半径、溶液灌注速度、温度及灌浆量等技术参数。

② 灌浆孔一般可用洛阳铲或螺旋钻、麻花钻成孔，或用带锥形头的钢管打入土中，

然后拔出成孔，直径一般为 60～100mm。先在孔中填入粒径为 20～40mm 的石子，直至灌浆管下端标高，然后插入直径为 20mm 的镀锌铁皮制成的灌浆管，下部沿管长每 20cm 钻 3～4 个直径为 3～4mm 的孔眼。

③ 当灌浆孔的深度（石子填充部分）低于 3m 时，灌浆管底部以上 30cm 高度范围内应用粒径为 2～5mm 的小石子填充；超过 3m 时高度应适当加大，以上用 2∶8 灰土填充夯实直到地表为止。当加固深度超过 5m 时，可采用分层灌注，以保证加固的均匀性。

④ 加固时，灌注孔应分期、分批间隔打设和灌注，同一批打设的灌注孔的间距为 2～3m，每个孔必须将溶液全部灌注完毕后，才可打设相邻的灌注孔。

⑤ 碱液加固多采用不加压的自渗方式进行灌注，溶液宜采取加热（温度为 90～100℃）和保温措施，单液法与双液法的灌注具体如下：

a. 单液法。先灌注浓度较大的 NaOH 溶液（100%～130%），然后再接着灌注较稀的 NaOH 溶液（50%），灌注应连续不断地进行。

b. 双液法。按单液法注完 NaOH 溶液后，间隔 4h～1d，再灌注 $CaCl_2$溶液。灌注时同样先浓（100%～130%）后稀（50%）。为了加快渗透硬化，灌注完毕后，可在灌注孔中通入 1～1.5atm（1atm=1.01325×10^5Pa，下同）的蒸汽加温约 1h。

当碱液的加入量为干土重的 2%～3%时，土体即可得到很好的加固。单液加固时，每 1m^3土体需 NaOH 为 40～50kg，双液加固时，NaOH、$CaCl_2$各需 30～40kg。

⑥ 加固时，用蒸汽保温可使碱液与地基土层作用快速而充分，即在 70～100kPa 的压力下通蒸汽 1～3h，如需注入 $CaCl_2$溶液，则应在通气后随即灌注。需要注意的是，对于自重湿陷性显著的黄土来说，需要采用挤密成孔的方法，并且灌浆和注气要交叉进行，这样可使地基尽快获得加固强度，以消除灌浆过程中所产生的附加沉陷。

⑦ 加固已湿陷的基础时，灌浆孔宜设在基础两侧或周边各布置一排。如要求将加固体连成一个整体，孔距可取 0.7～0.8m。单孔的有效加固半径 R 可达 0.4m，有效加固厚度为孔长加 0.5R。不要求加固体连接成片时，如固体可视作桩体，则孔距为 1.2～1.5m，加固土桩体的强度可取 300～400kPa。

⑧ 当 100g 干土中可溶性和交换性钙、镁离子（Ca^{2+}、Mg^{2+}）含量大于 10mg 时，可采用单液法，即只灌注 NaOH 一种溶液进行加固；否则，应采用双液法，即需轮番灌注 NaOH 溶液与 $CaCl_2$溶液进行加固。

碱液加固地基的深度应根据场地的湿陷类型、地基湿陷等级和湿陷性黄土层厚度，并结合建筑物类别与湿陷事故的严重程度等综合因素确定。加固深度宜为 2～5m。

对非自重湿陷性黄土地基，加固深度可为基础宽度的 1.5～2.0 倍。对Ⅱ级自重湿陷性黄土地基，加固深度可为基础宽度的 2.0～3.0 倍。

⑨ 当采用碱液加固既有建（构）筑物的地基时，灌注孔的平面布置可沿条形基础两侧或单独基础周边各布置一排。当地基湿陷较为严重时，孔距可取 0.7～0.9m，当地基湿陷较轻时，孔距可适当增加至 1.2～2.5m。

6.4 质量控制与检验

1. 质量控制

(1) 施工前应检查有关技术文件，检查内容包括灌浆点位置、浆液配比、灌浆施工技术参数、检测要求等，对有关浆液组成材料的性能及灌浆设备也应进行检查，浆液组成材料的性能应符合设计要求，灌浆设备应确保正常运转。

(2) 施工中应经常抽查浆液的配合比及主要性能指标、灌浆的顺序、灌浆过程中的压力控制等。应掌握并检查注浆压力、浆液流量、注浆时间、注浆量、浆液水灰比及外加剂用量等施工参数。

(3) 检查每个注浆孔垂直偏斜率、孔位偏差、钻孔倾角。

(4) 碱液加固施工应做好施工记录，检查碱液浓度及每孔注入量是否符合设计要求。施工中每间隔 1～3d，应对既有建筑物的附加沉降进行观测。

(5) 施工结束后应检查灌浆体的强度、承载力等，检查孔的数量为总量的 2%～5%，不合格率不小于 20%时应进行二次灌浆。以水泥为主剂的注浆检验时间应在注浆结束 28d 后进行；黏性土注浆应在 60d 以后进行；其他注浆材料应根据具体情况而定，不宜少于 7d。

2. 质量检验

(1) 以水泥为主剂的灌浆加固质量检验应符合以下规定：

① 灌浆检验应在灌浆结束 28d 后进行，可选用标准贯入、轻型动力触探、静力触探或面波等方法进行加固地层均匀性检测；

② 按加固土体深度范围每间隔 1m 取样进行室内试验，测定土体压缩性、强度或渗透性；

③ 灌浆检验点不应少于灌浆孔数的 2%～5%，检验点合格率小于 80%时，应对不合格的灌浆区实施重复灌浆。

(2) 硅化灌浆加固质量检验应符合以下规定：

① 应在 7～10d 后，对加固的地基土体进行检验；

② 加固地基的承载力及其均匀性应采用动力触探或其他原位测试检验；

③ 工程设计对土的压缩性和湿陷性有要求时，尚应在加固土的全部深度内，每隔 1m 土样进行室内试验，测定其压缩性和湿陷性；

④ 检验数量不应少于灌浆孔数的 2%～5%。

(3) 碱液加固质量检验应符合以下规定：

① 碱液加固施工应做好施工记录，检查碱液浓度及每孔注入量是否符合设计要求；

② 开挖或钻孔取样，对加固土体进行无侧限抗压强度试验和水稳性试验，取样部位应在加固土体中部，试块数不少于 3 个，28d 龄期的无侧限抗压强度平均值不得低于设计值的 90%，将试块浸泡在自来水中，无崩解，当需要查明加固土体的外形和整体性时，可对有代表性加固土体进行开挖，量测其有效加固半径和加固深度；

③ 检验数量不应少于灌浆孔数的 2%～5%；

④ 地基经碱液加固后应继续进行沉降观测，观测时间不得少于半年，按加固前后沉降观测结果或用触探法检测加固前后土中阻力的变化来确定加固质量。

（4）灌浆加固处理后地基的承载力应进行静荷载试验检验。

（5）静荷载试验应按《建筑地基处理技术规范》（JGJ 79—2012）中附录 A 的规定进行，每个单体建筑的检验数量不应少于 3 点。

（6）由于灌浆加固土的强度具有较大的离散性，故加固土的质量检验宜采用静力触探法，检测点数应符合有关规范的要求。检测结果的分析方法可采用面积积分平均法。

（7）地基加固结束之后，还应对已加固地基的建（构）筑物或设备基础进行沉降观测，直到沉降稳定为止，观测时间不应少于半年。